高等院校“互联网+”系列精品教材

项目化单片机技术综合实训
（第2版）

刘成尧　编著

電子工業出版社
Publishing House of Electronics Industry
北京·BEIJING

内 容 简 介

本书结合电子行业企业的岗位特点和产品设计技能要求，以培养学生的可持续发展职业技能为目标，在编者多年的设计经验和职业教育教学成果的基础上，按照以工作过程为导向的方式编写而成。本书包括 6 个项目，每个项目有 2 个或 3 个任务，内容涵盖与 51 单片机系统开发相关的知识与技能。希望读者通过学习这 6 个项目，能够打开单片机系统设计世界的大门，充分享受技术开发带来的乐趣。本书教学理念先进，适用面广，技术针对性强，兼顾知识的完整性，重视学生的实践技能和综合素质培养。

本书为高等职业本专科院校电子信息、自动化、机电、机械制造等专业单片机实践课程的教材，也可作为成人教育、开放大学、中职学校和培训班的教材，以及电子工程技术人员的参考书。

图书在版编目（CIP）数据

项目化单片机技术综合实训 / 刘成尧编著. —2 版. —北京：电子工业出版社，2023.11

高等院校"互联网+"系列精品教材

ISBN 978-7-121-38135-5

Ⅰ. ①项… Ⅱ. ①刘… Ⅲ. ①单片微型计算机－高等学校－教材 Ⅳ. ①TP368.1

中国版本图书馆 CIP 数据核字（2019）第 271245 号

责任编辑：陈健德（E-mail:chenjd@phei.com.cn）
印　　刷：天津画中画印刷有限公司
装　　订：天津画中画印刷有限公司
出版发行：电子工业出版社
　　　　　北京市海淀区万寿路 173 信箱　　邮编　100036
开　　本：787×1 092　1/16　　印张：11　　字数：282 千字
版　　次：2013 年 7 月第 1 版
　　　　　2023 年 11 月第 2 版
印　　次：2023 年 11 月第 1 次印刷
定　　价：52.00 元

凡所购买电子工业出版社图书有缺损问题，请向购买书店调换。若书店售缺，请与本社发行部联系，联系及邮购电话：（010）88254888，88258888。

质量投诉请发邮件至 zlts@phei.com.cn，盗版侵权举报请发邮件至 dbqq@phei.com.cn。

本书咨询联系方式：chenjd@phei.com.cn。

前　言

单片机综合实践课程是高职、高专院校电气类与电子类专业的核心课程之一，也是开展教学改革实践的重点课程之一。编者结合多年的单片机应用实践课程教学与项目实施经验，基于电子信息类创新人才培养成果，构建项目化教材和实训教学形式。本书第 1 版经过近十年的教学应用，获得了较好的使用反馈。为了突出项目化教学特色，本次修订对书中的项目进行了适当调整，将项目精简为 6 个，对每个项目相关的知识点进行了梳理，修改了部分配图和程序；同时，增加程序注释，以提高程序的可读性。本次修订对配套程序、电路原理图、仿真电路图、讲解视频及 PPT 等做了全新设计。

基于 51 单片机的应用编程相对于更高级的单片机（如 STM32 等）虽然稍显“落后”，但更适合初学者掌握基本的编程应用思维和实践经验。本书的 6 个项目包含定时器/计数器与中断项目制作：简易电子琴设计；定时器/计数器与中断项目制作：流水灯设计；液晶显示器与点阵屏项目制作：广告灯与万年历设计；微小型电动机项目制作：直流电动机、步进电动机、舵机控制；A/D 和 D/A 项目制作：数字电压表和信号发生器设计，以及通信接口项目制作。这 6 个项目涵盖 51 单片机常用的应用领域，具有较好的应用价值。根据教学经验，初学者在掌握 6 个项目后，能够对 51 单片机构建的嵌入式系统有较直观的认知和应用体验。

本书所有文字材料均由刘成尧编写；本书所有项目设计程序、电路原理图、仿真电路图、PPT 等都由刘成尧带领一届届学生接力完成。其中，2011 级黄海星、赵东杰两位同学参与了第 1 版的编写工作；2017 级朱伟敏、苏如迦，2018 级万鑫，2019 级詹传续、毛可权、谢鑫磊、傅淑慧等十多位同学参与了本次修订工作。他们在参与过程中，提出各种设计思路、对方案进行改进及验证，逐行逐句检查文字表述，为本次修订做了积极贡献。

本书内容按照编者提倡的“开放式项目化学习（教学）”理念编排。编者建议读者在使用本书时，尽可能重现所关注的项目（任务），不要拘泥于本书的程序示例（包括电路原理图、仿真电路图）。读者在使用本书时，可能会发现某个电路原理图、程序、流程图不太合理，不是最好的，但编者保证所有程序都可以用，同时希望读者能够纠正设计的不足之处，只有带着疑问和探究的精神才能学到真正的知识。

电子世界是一个相对开放的世界，我们鼓励大家相互交流和沟通，对新的教学成果和设计经验开展探讨研究，同时应严格遵守与知识产权相关的法律法规。本书难免存在一些表述不准确的地方，希望广大读者批评指正。

编　者

目 录

项目 1

定时器/计数器与中断项目制作：简易电子琴设计

本项目以电子琴设计为背景，讲解 51 单片机的基本知识和编程应用。在讲解过程中，给出获取参考资料的途径，分析项目设计需求的方法，以及评估项目的开发成本。

本项目涉及的单片机编程技能包括配置单片机定时器/计数器、编写中断应用程序、制作按键功能、生成各音阶的声音。

本项目包含 3 个任务：单音阶播放器、多音阶演奏器、简单的电子琴。3 个任务的难度依次递增。

➢任务1. 1：单音阶播放器

- 单片机与蜂鸣器结合，循环播放一个音阶的声音

➢任务1. 2：多音阶演奏器

- 单片机与蜂鸣器、按键结合，使用7个按键模拟电子琴按键，播放1~7音阶的声音

➢任务1. 3：简单的电子琴

- 增加按键数量，提供电子琴的声音播放和切换功能，实现音乐播放

任务 1.1 单音阶播放器

1-0 扫一扫看本项目教学课件

➢ 任务介绍

本任务将 51 单片机和蜂鸣器结合，构成单音阶播放器，实现循环播放一个音阶的声音。任务目的是引导初学者掌握 51 单片机通过延时程序生成不同频率的方波，使蜂鸣器发出一

个音阶的声音的方法。任务重点是理解延时、频率、方波和声音的关系。

➢ 知识导入

1.1.1 蜂鸣器工作原理

蜂鸣器是一种一体化结构的电子发声器件，被广泛应用于计算机、打印机、复印机、报警器、电子玩具、汽车电子设备、电话机、定时器等电子产品中。蜂鸣器在电路中用字母“H”或“HA”（旧标准用“FM”“LB”“JD”等）表示。蜂鸣器实物图如图1.1所示。

图1.1 蜂鸣器实物图

根据结构蜂鸣器可以分为压电式蜂鸣器、电磁式蜂鸣器，如表1.1所示。根据驱动方式蜂鸣器可分为有源式蜂鸣器、无源式蜂鸣器如表1.2所示。

表1.1 蜂鸣器分类（根据结构）

分类	特点
压电式蜂鸣器	压电式蜂鸣器由多谐振荡器、压电蜂鸣片、阻抗匹配器及共鸣箱、外壳等组成，具有工作电压高、分贝高等特点
电磁式蜂鸣器	电磁式蜂鸣器由振荡器、电磁线圈、磁铁、振动膜片及外壳等组成，具有工作电压较低、工艺简单等特点

表1.2 蜂鸣器分类（根据驱动方式）

分类	特点
有源式蜂鸣器	有源式蜂鸣器又称直流蜂鸣器，内部包含多谐振荡器，只要在其两端施加额定直流工作电压就可以发声。该类蜂鸣器具有驱动、控制简单的特点
无源式蜂鸣器	无源式蜂鸣器又称交流蜂鸣器，内部没有振荡器，需要在其两端施加特定频率的方波电压信号才能发声。该类蜂鸣器具有可靠、成本低、生成频率可调整的特点

1.1.2 蜂鸣器驱动设计

蜂鸣器的驱动包括蜂鸣器驱动电路和驱动程序。

蜂鸣器驱动电路一般包含续流二极管、电源滤波电容、三极管、无源式蜂鸣器4部分，如图1.2所示。

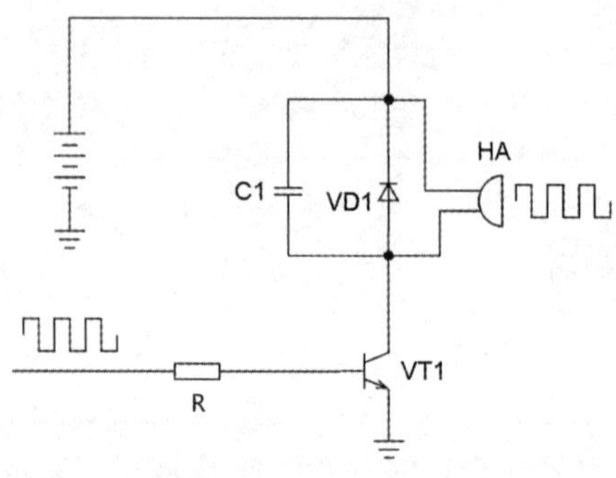

图1.2 蜂鸣器驱动电路

蜂鸣器驱动电路分析如下。

1．续流二极管

蜂鸣器电流不能瞬间变化，需要续流二极管 VD1 为蜂鸣器提供电流。

2．电源滤波电容

电源滤波电容 C1 用于消除蜂鸣器电流对其他部分的影响，改善电源的交流阻抗。

3．三极管

三极管 VT1 为蜂鸣器提供驱动电流。

4．无源式蜂鸣器

无源式蜂鸣器 HA 根据驱动信号频率发出对应声音。

驱动程序用于产生蜂鸣器所需要的波形，通过驱动电路，使蜂鸣器发声。有源式蜂鸣器的驱动较为简单，只要在其两端施加额定直流工作电压即可。无源式蜂鸣器的驱动相对复杂，需要在无源式蜂鸣器两端施加特定频率的方波电压信号。有源式蜂鸣器的工作频率范围通常较窄，因此有源式蜂鸣器工作在其额定频率内才会有良好的发声效果（声压和音色等）。无源式蜂鸣器的工作频率范围较宽，可通过调整频率实现发声。

1.1.3　音阶与频率的关系

一首乐谱是由不同音阶组成的，每个音阶对应不同的频率。51 单片机可以通过定时器/计数器或延时程序生成各种频率的方波，方波通过驱动电路进入蜂鸣器，蜂鸣器发出对应的声音。在利用定时器/计数器使蜂鸣器发出声音时，需要把一首歌曲的音阶与频率的关系和定时器/计数器设置值弄清楚。以 12MHz 晶振为例，利用 51 单片机定时器/计数器 T0 产生高、中、低音阶，对应的设置值如表 1.3 所示。

表 1.3　音阶对应的设置值

音符	频率/Hz	简谱码（*T* 值）	HEX 编码	音符	频率/Hz	简谱码（*T* 值）	HEX 编码
低 1DO	262	63628	F88C	中 2RE	587	64684	FCAC
#1DO#	277	63731	F8F3	#2RE#	622	64732	FCDC
低 2RE	294	63835	F95B	中 3MI	659	64777	FD09
#2RE#	311	63928	F9B8	中 4FA	698	64820	FD34
低 3MI	330	64021	FA15	#4FA#	740	64860	FD5C
低 4FA	349	64103	FA67	中 5SO	784	64898	FD82
#4FA#	370	64185	FAB9	#5SO#	831	64934	FDA6
低 5SO	392	64260	FB04	中 6LA	880	64968	FDC8
#5SO#	415	64331	FB4B	#6LA#	932	64994	FDE2
低 6LA	440	64400	FB90	中 7SI	988	65030	FE06
#6LA#	466	64463	FBCF	高 1DO	1046	65058	FE22
低 7SI	494	64524	FC0C	#1DO#	1109	65085	FE3D
中 1DO	523	64580	FC44	高 2RE	1175	65110	FE56
#1DO#	554	64633	FC79	#2RE#	1245	65134	FE6E

续表

音符	频率/Hz	简谱码（T值）	HEX 编码	音符	频率/Hz	简谱码（T值）	HEX 编码
高 3MI	1318	65157	FE85	#5SO#	1661	65235	FED3
高 4FA	1379	65178	FE9A	高 6LA	1760	65252	FEE4
#4FA#	1480	65198	FEAE	#6LA#	1865	65262	FEF4
高 5SO	1568	65217	FEC1	高 7SI	1967	65283	FF03

1.1.4 生成频率的方法

51 单片机可通过编程在指定 P 口输出具有固定时间间隔的方波，这种方波的频率与高低电平的时间间隔有密切关系。其时间间隔（或称为延时）通常有两种实现方法：一种是硬件延时，即通过定时器/计数器实现，这种方法提高了 CPU 的工作效率，能实现精确延时；另一种是软件延时，即通过循环语句“模拟”延时。通过 51 单片机产生具有特定频率的方波的本质是生成指定的延时。

1．使用定时器/计数器实现精确延时

51 单片机系统一般选用的是 11.0592MHz 晶振、12MHz 晶振或 6MHz 晶振。11.0592MHz 晶振常用于串口通信，12MHz 晶振和 6MHz 晶振对应的 1 个机器周期分别为 1μs 和 2μs，便于实现精确延时。假设使用频率为 12MHz 的晶振，若定时器/计数器工作在方式 1，则可产生的最长延时为 2^{16}=65536μs；若定时器/计数器工作在方式 2，则可实现极短的精确延时；若使用其他定时方式，则要考虑重装定时器/计数器初值的时间（重装定时器/计数器初值占用 2 个机器周期）。

在实际应用中，定时器/计数器常采用中断方式工作，如进行适当的循环可实现几秒甚至更长的延时。使用定时器/计数器实现延时，从程序的执行效率和稳定性两方面考虑都是最佳的方案。但应该注意，用 C51 编写的中断服务程序在编译后会自动加上 PUSH ACC、PUSH PSW、POP PSW 和 POP ACC 语句，在执行时这些语句占用了 4 个机器周期；若程序中设置了值加 1 语句，则执行该语句会占用 1 个机器周期。在计算定时器/计数器初值时将要这些语句占用的时间考虑进去，将其从初值中减去，以达到最小误差的目的。

2．软件延时与时间计算

除了用定时器/计数器实现延时，还可以用软件实现延时。C51 通过使用带_NOP_()语句的函数，可以实现一系列不同的延时函数，如 delay10μs()、delay25μs()、delay40μs()等。将延时函数存放在一个自定义的 C 文件中，在需要时直接在主程序中调用对应文件即可。例如，延时 10μs 的延时函数（以 12MHz 晶振为例）的程序可编写如下：

```
void delay10μs()
{
    _NOP_();
    _NOP_();
    _NOP_();
    _NOP_();
    _NOP_();
```

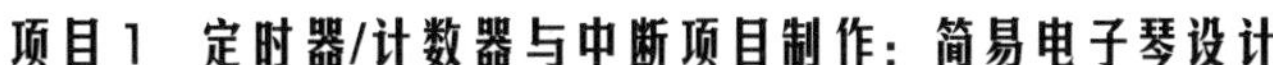


```
        _NOP_();
    }
```

delay10μs()函数共调用了 6 个_NOP_()语句，每个语句执行时间为 1μs。当主函数调用 delay10μs()时，先执行 LCALL 指令（时间为 2μs），然后执行 6 个_NOP_()语句（时间为 6μs），最后执行 RET 指令（时间为 2μs），所以执行上述函数共需要花费 10μs。

也可以把这个函数当作基本延时函数，在其他函数中调用，即嵌套调用，以实现较长时间的延时。但需要注意，如在 delay40μs()中直接调用 4 次 delay10μs()函数，得到的延时是 42μs，不是 40μs。这是因为在执行 delay40μs()时，先执行了一次 LCALL 指令（时间为 2μs），然后执行第一个 delay10μs()，当执行完最后一个 delay10μs()时，直接返回到主程序。根据上述方法修改基本延时函数和调用适当的组合，可以实现不同延时。

➢ 设计步骤

单音阶播放器要求循环播放一个音阶。根据该功能需求，将单片机的一个 P 口与无源式蜂鸣器连接，通过延时程序驱动该 P 口产生音阶对应频率的方波，进而使蜂鸣器发出声音。

首先，设计电路原理图。在电路确定的条件下才能进行程序设计。本项目使用 51 单片机 P2.0 口外接蜂鸣器驱动电路，通过单片机产生音阶对应频率的方波，进而控制无源式蜂鸣器发声。电路原理图如图 1.3 所示，图中晶振、复位电路、电源、51 单片机构成了单片机最小系统模块。

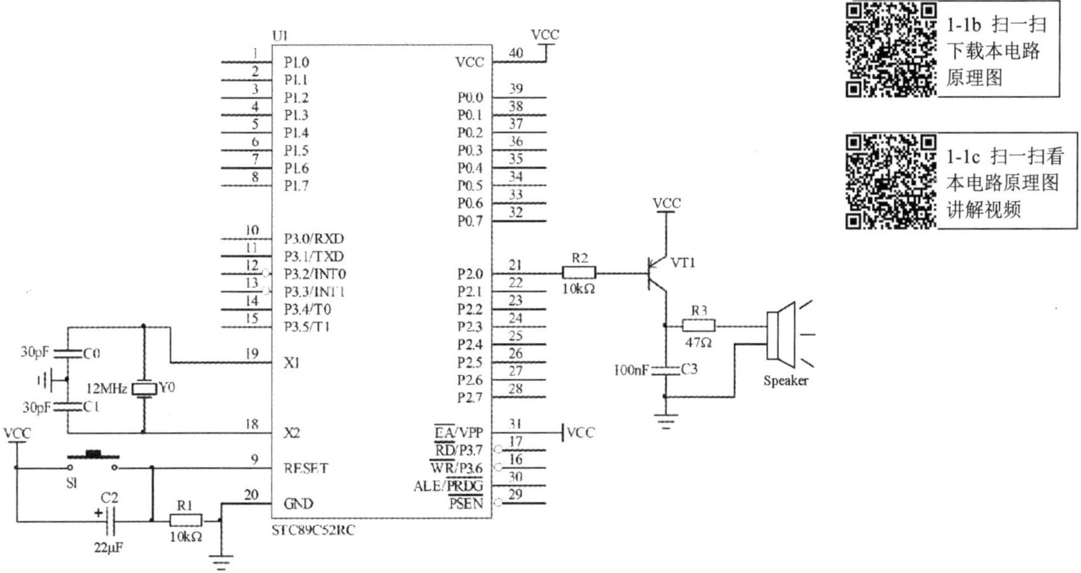

图 1.3　电路原理图

图 1.4 是该电路在 Protcus 中的仿真电路图，与图 1.3 相比可以发现，在电路仿真的时候可以不用画出单片机的电源、晶振、复位电路。

根据电路硬件资源进行软件设计。在编写程序之前，先绘制程序流程图，如图 1.5 所示。

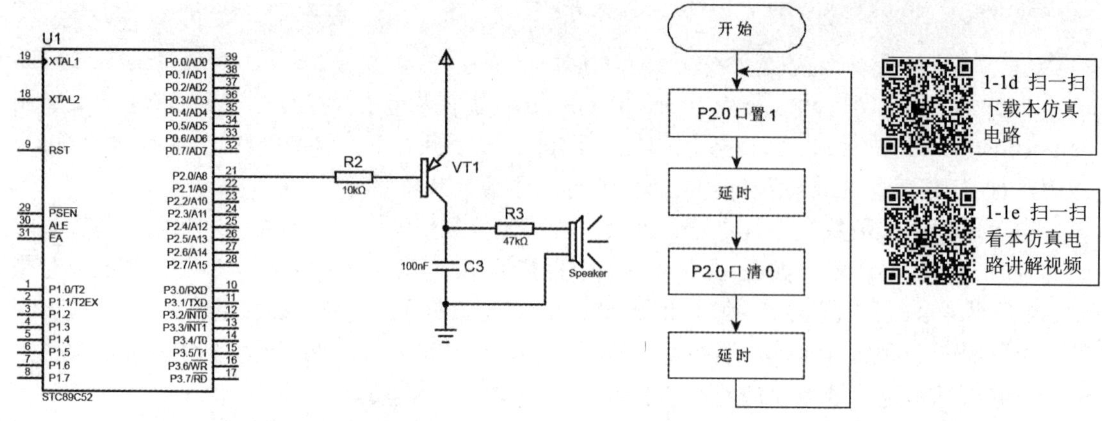

图1.4　仿真电路图　　　　图1.5　程序流程图

1-1d 扫一扫下载本仿真电路

1-1e 扫一扫看本仿真电路讲解视频

依据程序流程图编写程序，主要程序如下所示。

1-1f 扫一扫下载本程序源代码

```
#include<at89x52.h>            //52系列单片机通用头文件
sbit BEEP=P2^0;                //蜂鸣器接口
/*-------------------------------------
函数名称：Delay_μs
参    数：无符号整型 n：延时长度
功    能：μs级延时
返 回 值：无
-------------------------------------*/
void Delay_μs(unsigned int n)   //延时函数
{
    unsigned char i;
    for(i=0;i<n;i++);
}
/*===============主函数==============*/
void main()
{
    while(1)          //循环
    {
        BEEP=1;       //发出声音的音阶
        Delay_μs(150);
        BEEP=0;
        Delay_μs(150);
    }
}
```

➢ 应用测试

项目设计完成后需要进行功能测试和性能测试。功能测试的目的是检测项目是否能实现预期功能；性能测试的目的是检测项目是否能正常稳定工作，是否有更优的设计思路（包括电路设计和软件设计）。

本项目的测试需要注意如下几点。

（1）单片机通过延时程序在 P2.0 口产生的方波的频率是否在所连接的无源式蜂鸣器可以接收的频率范围内，该频率是否在人耳可以听到的声音频率范围内，该频率对应的音阶是什么？

（2）使用示波器测量 P2.0 口产生的方波，计算其频率值，并通过调整延时来改变方波频率。

（3）示例程序使用的是软件延时方式，能否将其修改成定时器/计数器延时方式呢？

（4）该项目有输出口，但没有输入口，能否增加按键以提高人机交互水平呢？

➢ 技能拓展

合理地使用网络资源查找项目参考资料能够达到事半功倍的效果，在项目开发前，项目开发者应尽可能多地收集需要的资料，这是进行项目开发的必要工作。在收集资料后，根据与项目开发的相关度对收集的资料进行分类，认真分析资料和挖掘资料包含的信息，努力提取有用的内容进行加工，绘制电路图提取程序设计思路，以满足项目需求。

资料的收集、整理、分析一般会集中在开发初期，但也会贯穿整个项目开发过程。为了提高查找资料的效率，平时应多积累和保存相关资料，养成良好的资料保存与整理习惯。

利用网络收集资料涉及搜索技巧等问题，实际上，这些问题在使用各种搜索工具时都会遇到，希望读者能够多总结搜索技巧，间接提高项目开发效率。下面以本项目为背景来介绍编者推荐的资料收集、整理和分析思路。

在确定了要完成的单片机项目功能需求后，项目设计的第一步应该是通过各种途径查询和收集项目开发必需的技术资料（信息获取）等，要查询的资料包括：

①查找是否有相同或类似的单片机项目。

②能否获取该项目的电路原理图和 C51 程序。

③能否获取 Proteus 仿真电路图。

编者在实现该项目的过程中从网络上获取了 100MB 左右的单片机开发电子琴方面的资料，包括文档、程序、Proteus 仿真电路图、电路原理图。编者对这些资料进行整理、分类和初步分析，并对与本项目内容最相关的一些资料进行详细分析，帮助自己完成简易电子琴设计。编者非常鼓励项目开发者借鉴别人的设计思路和部分设计成果。站在前人的肩膀上，有利于创造出更好的产品。

任务 1.2 多音阶演奏器

➢ 任务介绍

在单音阶播放器任务的基础上制作多音阶演奏器，任务需求如下。

（1）手动播放功能：按键控制 1～7 音阶的声音的播放。

（2）自动播放功能：自动播放 1～7 音阶的声音。

需求分析：根据上述需求描述可知本任务的功能需求如下。

（1）简单的人机交互接口：按键输入、声音输出。

（2）简单的音阶控制：可以按键控制 1～7 音阶的声音的播放。

（3）简单的音乐播放：自动播放 1～7 音阶的声音。

上述功能较任务 1.1 中的功能难度明显增大，这也是本书项目编排的特色之一——完成同一个项目中的多个任务，任务难度逐渐增大。一般来说，一个项目设计的好坏是由该项目能否实现设定的需求来判定的。以简易电子琴设计为例，不能说设计非常复杂的电子琴是优秀的设计，设计简单的电子琴就没有任何价值。明确项目需求是项目开发的第一步，后文会详细讨论项目需求分析。

本任务的功能有些复杂，在单音阶播放器设计的基础上增加了按键交互功能，同时需要围绕本任务计讨论单片机的定时器/计数器延时、中断应用及按键应用。

➢ 知识导入

1.2.1　51 单片机定时器/计数器相关寄存器

本书定位读者具有一定的 51 单片机知识，编写的出发点是以项目的形式引导读者建立 51 单片机设计思维，在项目训练过程中，适当复习和深化知识点，以帮助读者构建单片机编程思维体系。

下面回顾与 51 单片机定时器/计数器相关寄存器的相关知识。使用单片机的关键是熟悉并应用寄存器，只有掌握寄存器的各项参数才能充分利用单片机的资源。

单片机的定时器/计数器功能可以理解为手表/闹钟。手表/闹钟只要有电或发条被拧紧就会工作。在设置好时间的基础上，手表/闹钟会自动地准确计时，这个过程不需要人时刻关注。单片机的定时器/计数器与此类似，在配置好（或设置好）定时器/计数器后，启动定时器/计数器，它就可以自动计时，在单片机执行程序期间无须过多关注。表 1.4 描述了单片机定时器/计数器与手表/闹钟的对比，有助于读者从宏观上把握定时器/计数器的性质。

表 1.4　单片机定时器/计数器与手表/闹钟的对比

对比点	单片机定时器/计数器	手表/闹钟
时间单位	由晶振控制，一般以 μs 为单位	一般以 s 为单位 （秒表以 10ms 为单位）
设置方法	设置计时时间	设置正确时间
提醒功能	通过触发中断提醒单片机	可通过声音等提醒人
操作流程	配置—启动—触发	配置—启动—提醒
独立性	计时工作独立于单片机	计时工作不需要人关注
数量	越多越好	越多越好

STC89C51 单片机有两个定时器/计数器，分别为 T0 和 T1，其结构框图如图 1.6 所示，图中 Tx 表示 T0 和 T1，x 取值为 0 和 1。

对应定时器/计数器的结构框图，了解定时器/计数器的工作节拍、启停控制、计时方式、相关寄存器等内容。

1．定时器/计数器的工作节拍

51 单片机晶振电路信号经 12 分频后作为定时器/计数器的工作节拍。例如，晶振频率是

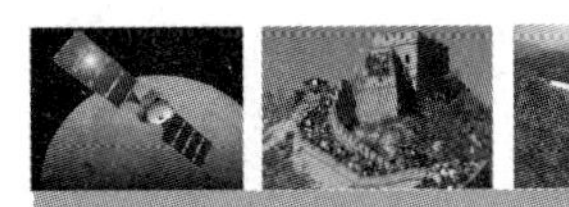
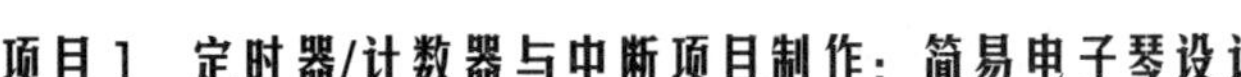

12MHz，经 12 分频后，定时器/计数器的计时频率是 $\frac{12\text{MHz}}{12}=1\text{MHz}$，工作节拍为 $\frac{1}{1\text{MHz}}=1\mu\text{s}$。表 1.5 给出了不同晶振频率对应的定时器/计数器的工作节拍。

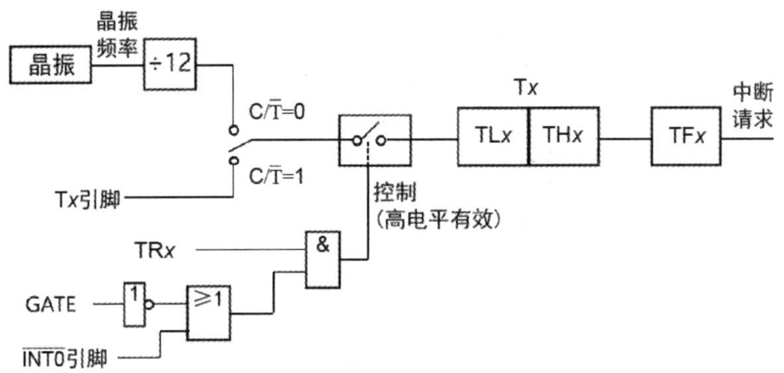

图 1.6　定时器/计数器的结构框图

表 1.5　不同晶振频率对应的定时器/计数器的计时单位

晶振频率/MHz	12 分频后的频率/MHz	定时器/计数器的工作节拍/μs
12	1	1
11.0592	0.9216	1.085
6	0.5	2
24	2	0.5

提问：为什么要进行 12 分频？

提示：请查阅单片机原理相关书籍，了解时钟周期、机器周期、指令周期等概念。

2. 定时器/计数器的启停控制

定时器/计数器通过控制开关实现启动、停止。定时器/计数器的启动和停止行为与秒表的启动与停止行为类似。秒表在停止计时后，如果需要清空当前计时值，需要按一下“归零”按钮，定时器/计数器也有类似操作。

提问：定时器/计数器在停止计时，计数值是否会清 0？

3. 定时器/计数器的计时方式

定时器/计数器的计时方式为每个工作节拍将设定的计数值加 1，直到溢出。

提问 1：计数值累加为什么会溢出？

提示：当计数值累加到上限值时，再加 1，计数值变成 0。

提问 2：计数值最大是多少？

提示：根据定时器/计数器的设置，有 8 位、13 位、16 位计数，对应的计时最大长度可用公式表示为 $2^n \times T_u$。式中，n 为定时器/计数器的位数，取值为 8、13、16；T_u 为定时器/计数器工作节拍。表 1.6 所示为定时器/计数器最大计时长度。

表 1.6 定时器/计数器最大计时长度

定时器/计数器数据位数	计数值	晶振频率/MHz	计时单位工作节拍/μs	最大计时长度
8 位	256	12	1	256 μs
		11.0592	1.085	277.76 μs
		6	2	512 μs
		24	0.5	128 μs
13 位	8192	12	1	8.192 ms
		11.0592	1.085	8.88832 ms
		6	2	16.384 ms
		24	0.5	4.096 ms
16 位	65536	12	1	65.536 ms
		11.0592	1.085	71.106 ms
		6	2	131.072 ms
		24	0.5	32.768 ms

4．定时器/计数器相关寄存器

51 单片机定时器/计数器作为定时器使用时，有计时值设置、启动/停止、到时处理 3 个功能，如图 1.7 所示。

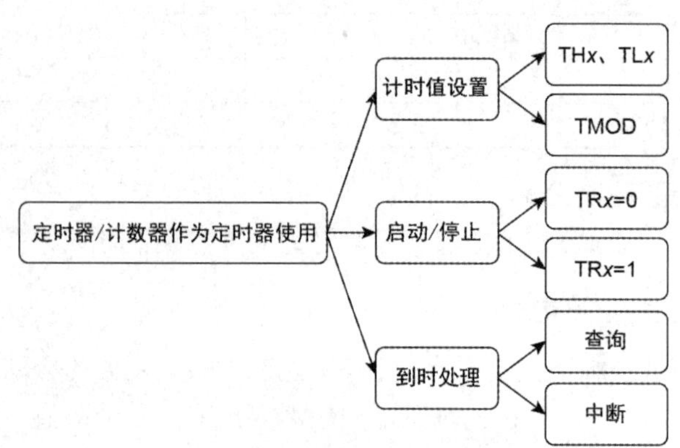

图 1.7 定时器/计数器定时功能示意图

要掌握定时器/计数器的使用方法，还需要掌握定时器/计数器相关寄存器。STC89C51 单片机与定时器/计数器相关的寄存器有 TL*x*、TH*x*、TCON、TMOD，如表 1.7 所示。

表 1.7 定时器/计数器相关寄存器列表

寄存器	bit7	bit6	bit5	bit4	bit3	bit2	bit1	bit0
TL*x*	—							
TH*x*	—							
TCON	TF1	TR1	TF0	TR0	IE1	IT1	IE0	IT0
TMOD	GATE	$C/\overline{T}$	M1	M0	GATE	$C/\overline{T}$	M1	M0

STC89C51 有两个定时器/计数器，分别为 T1 和 T0，每个定时器/计数器都有对应的寄存器设置。下面通过图 1.8 和图 1.9 演示 TMOD、TCON、TH*x*、TL*x* 寄存器的设置。

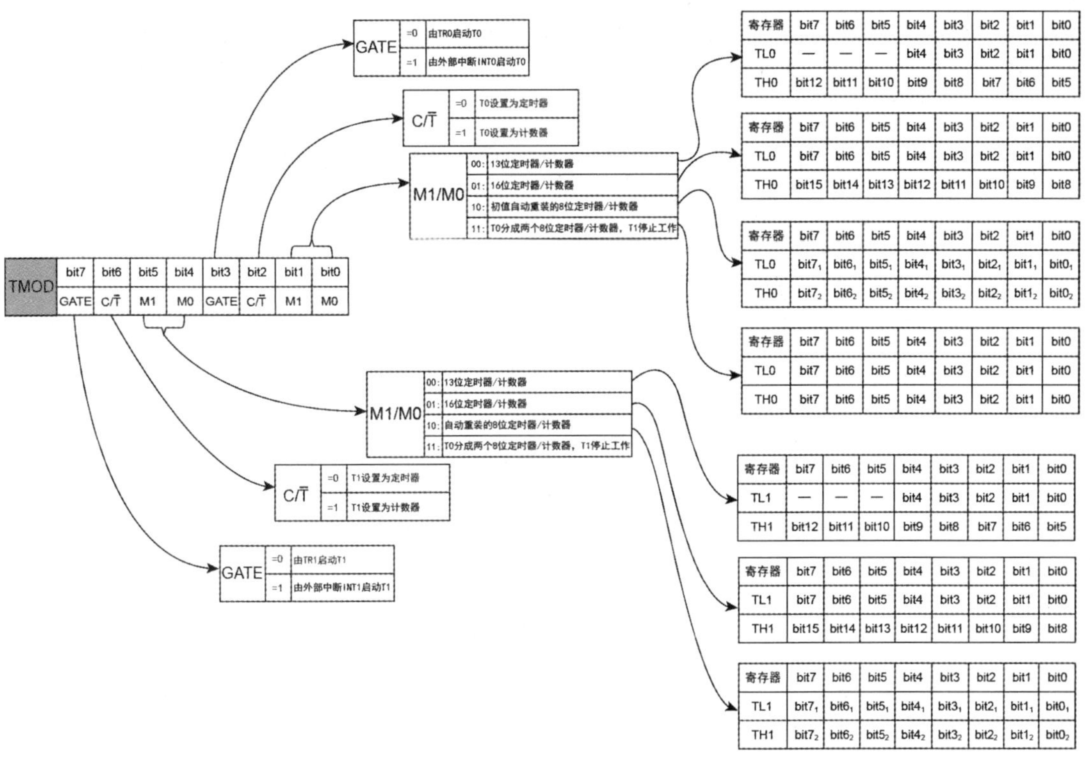

图 1.8　TMOD 寄存器和 TH*x* 寄存器、TL*x* 寄存器设置示意图

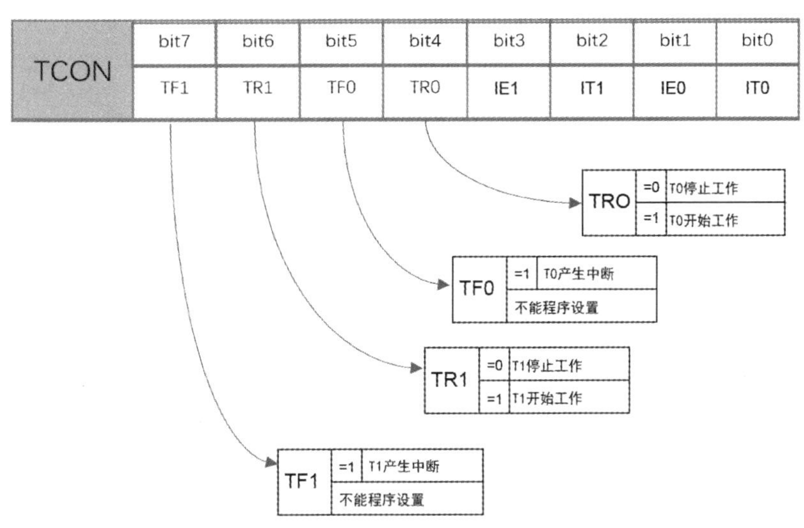

图 1.9　TCON 寄存器设置示意图

1）定时器/计数器工作模式寄存器 TMOD

定时器/计数器工作模式寄存器 TMOD 如表 1.8 所示。

表 1.8　定时器/计数器工作模式寄存器 TMOD

位序号	bit7	bit6	bit5	bit4	bit3	bit2	bit1	bit0
位符号	GATE	C/$\overline{T}$	M1	M0	GATE	C/$\overline{T}$	M1	M0

TMOD 寄存器的高 4 位（bit4～bit7）用来设置 T1，低 4 位（bit0～bit3）用来设置 T0。

TMOD 寄存器各位符号介绍如下。

GATE：门控制位。

若 GATE=0，定时器/计数器的启动与停止仅由 TCON 寄存器中的 TR*x*（*x*=0,1）控制。

若 GATE=1，定时器/计数器的启动与停止由 TCON 寄存器中的 TR*x*（*x*=0,1）和外部中断引脚（INT0 或 INT1）信号共同控制。

C/$\overline{\text{T}}$：定时器/计数器模式选择位。

若 C/$\overline{\text{T}}$=1，TMOD 为计数器模式。

若 C/$\overline{\text{T}}$=0，TMOD 为定时器模式。

M1/M0：工作模式选择位，如表 1.9 所示。

表 1.9　M1/M0 工作模式选择位

M1	M0	工作模式
0	0	工作模式 0，为 13 位定时器/计数器
0	1	工作模式 1，为 16 位定时器/计数器
1	0	工作模式 2，为初值自动重装的 8 位定时器/计数器
1	1	工作模式 3（仅适用于 T0），T0 分成两个 8 位定时器/计数器，T1 停止工作

2）定时器/计数器控制寄存器 TCON

定时器/计数器控制寄存器 TCON 如表 1.10 所示。

表 1.10　定时器/计数器控制寄存器 TCON

位序号	bit7	bit6	bit5	bit4	bit3	bit2	bit1	bit0
位符号	TF1	TR1	TF0	TR0	IE1	IT1	IE0	IT0

TCON 寄存器各位符号介绍如下。

TF1：T1 溢出标志位。

当 T1 计满溢出时，利用硬件使 TF1 置 1，并且申请中断。进入中断服务程序后，由硬件自动清 0。需要注意的是，如果使用定时器/计数器中断，那么该位完全不用人为操作；如果使用软件查询方式，当查询到该位置 1 后，就需要用软件清 0。

TR1：T1 运行控制位。

由软件清 0，关闭 T1。当 GATE=1 且 INT1 为高电平时，TR1 置 1 将启动 T1；当 GATE=0 时，TR1 置 1 将启动 T1。

TF0：T0 溢出标志，其功能及操作方法同 TF1。

TR0：T0 运行控制位，其功能及操作方法同 TR1。

IT1：外部中断 1 触发方式选择位。

当 IT1=0 时，外部中断信号为电平触发方式，引脚 INT1 低电平有效。

当 IT1=1 时，外部中断信号为跳变沿触发方式，引脚 INT1 在电平为从高到低的负跳变时有效。

IE1：外部中断 1 请求标志。

当 IT1=0 时，外部中断信号为电平触发方式，每个机器周期采样 INT1 引脚信号，若 INT1

引脚信号为低电平，则 IE1 置 1，否则 IE1 清 0。

当 IT1=1 时，外部中断信号为跳变沿触发方式，当第一个及其机器周期采样到 INIT1 为低电平时，IE1 置 1。IE1=1 表示外部中断 1 正在向 CPU 发送中断申请。当 CPU 响应中断，转向中断服务程序时，该位由硬件清 0。

IE0：外部中断 0 请求标志，其功能及操作方法同 IE1。

IT0：外部中断 0 触发方式选择位，其功能及操作方法同 IT1。

5．定时器/计数器应用分析

由上面的知识点可知，每个定时器/计数器都有 4 种工作模式，可通过设置 TMOD 寄存器中的 M1 位和 M0 位来选择工作模式。

工作模式 1 的计数位数是 16 位，以 T0 为例进行说明。将 TL0 寄存器作为低 8 位，将 TH0 寄存器作为高 8 位，二者组成了 16 位加 1 定时器/计数器。启动定时器/计数器，它在原来的数值上开始加 1 计数。若在程序开始时，没有设置 TH0 寄存器和 TL0 寄存器的值，则二者的默认值都是 0。假设时钟频率为 12MHz，12 个时钟周期为一个机器周期，机器周期为 1μs，计满 TH0 寄存器和 TL0 寄存器需要 $2^{16}-1$ 个脉冲，再来一个脉冲，定时器/计数器溢出，向 CPU 申请中断。因此，溢出一次共需要 65536μs，约为 65.6ms。如果要定时 50ms，就需要先给 TH0 寄存器和 TL0 寄存器设置一个初值，在这个初值的基础上计 50000 个脉冲后，定时器/计数器溢出，此时中断一次刚好 50ms。当需要定时 1s 时，可认为产生 20 次 50ms 的定时器/计数器中断后为 1s，这样便可精确控制定时时间。当要计 50000 个脉冲时，TH0 寄存器和 TL0 寄存器中应该装入的总脉冲数是 65536−50000=15536。把 15536 对 256 求模，得 15536/256=60，将该值装入 TH0；把 15536 对 256 求余，得 15536%256=176，将该值装入 TL0 寄存器。

以上就是定时器/计数器初值的计算方法，总结如下：当用定时器/计数器为工作模式 1 时，设机器周期为 T，定时器/计数器产生一次中断的时间为 t，那么需要计数的个数为 $N=t/T$，装入 THx 寄存器和 TLx 寄存器中的数分别为 THx=(65536−N)/256，TLx=(65536−N)%256。

在写单片机的定时器/计数器程序时，在程序开始处需要对定时器/计数器及中断寄存器进行初始化。定时器/计数器初始化过程如下。

（1）为 TMOD 寄存器赋值，确定 T0 和 T1 的工作模式。

（2）计算初值，并将初值写入 TH0 寄存器、TL0 寄存器或 TH1 寄存器、TL1 寄存器。

（3）设置中断，对 IE 赋值，开放中断。

（4）TR0 和 TR1 置位，启动定时器/计数器，开始定时或计数。

举例说明：利用工作模式 1 下的 T0，实现一个 LED 以 1s 间隔亮灭，程序如下。

```
#include<reg52.h>
#define uchar unsigned char
#define uint  unsigned int
sbit led1=P1^0;
uchar num;
void main()
{
  TMOD=0x01;              //设置 T0 为工作模式 1（M1 位为 0，M0 位为 1）
  TH0=(65536-45872)/256; //装初值，11.0592MHz 晶振频率定时 50ms 对应的数值为 45872
  TL0=(65536-45872)%256;
```

```
  ET0=1;                        //打开 T0 中断
  EA=1;                         //打开总中断
  TR0=1;                        //启动 T0
  while(1)
  {
     if(num==20)                //如果产生了 20 次中断，就说明时间为 1s
     {
        led1=~led1;             //LED 状态取反
        num=0;
     }
  }
}
void T0_time() interrupt 1
{
   TH0=(65536-45872)/256;     //重新装载初值
   TL0=(65536-45872)%256;
   num++;
}
```

结合定时器/计数器计时常用功能，进一步举例说明配置方法。

（1）示例 1：使用 T0，设置 5ms 定时，计时结束触发中断工作，晶振频率是 12MHz。

设计步骤一：选择定时器/计数器类型。

12MHz 晶振频率提供的工作节拍是 1μs。5ms=5000μs，需要定时器/计数器计数 5000 次，13 位的定时器/计数器就可以满足 5ms 的计时要求，13 位定时器/计数器对应 M1M0=00。

设计步骤二：设置定时值。

TH0 寄存器、TL0 寄存器设置的值可由如下公式算得：

$$TH0=(2^{13}-5000)/32$$

$$TL0=(2^{13}-5000)\%32$$

提问：为什么用 32 作为除数？请仔细观察 13 位定时器/计数器的 TH0 寄存器、TL0 寄存器。

设计步骤三：计时结束提醒。

示例要求计时结束触发中断，因此需要配置定时器/计数器中断。中断程序如下。

```
ET0=1;  //打开 T0 的中断
EA=1;   //打开单片机的总中断
//编写中断处理程序
void Timer0() interrupt 1
{
    //编写处理程序
}
```

完整示例程序如下。

```
/*************************************/
/*设单片机的晶振频率为 12MHz*/
/*T0 采用工作模式 0*/
```

```
/*精确定时 5ms*/
/*T0 采用中断的处理方式*/
/***********************************/
/*****************************************************/
/*设定时器/计数器初值为 X，计数值为 N，T0 为 13 位定时器/计数器*/
/*因为 X+N=2^13=8192 ,所以 X=8192-N*/
/*假设定时器/计数器为 t 秒，则 N 为 t/机器周期*/
/*所以定时器/计数器初值 X=8192-t/机器周期*/
/*****************************************************/
/*机器周期由晶振频率 12 分频得到，即机器周期频率 F=fosc/12*/
/*所以机器周期 T=1/F=1/(fosc/12)=12/fosc*/
/*因为晶振频率为 12MHz，所以机器周期 T=12/12=1μs*/
#include<reg52.h>                   //调用头文件
#define uint unsigned int           //宏定义
#define uchar unsigned char
/*      主函数      */
void main()
{
    TMOD = 0x00;                    //设置 T0 为工作模式 0
    TH0 = (8192-5000)/32;           //给 T0 装载初值
    TL0 = (8192-5000)%32;           //定时 5ms
    /*T0 在工作模式 0 时为 13 位定时器/计数器
    所以 T0 的最大计数为 2¹³=8192
    由于 TL0 寄存器只使用前 5 位，当 5 位计数满 2⁵=32 后发生溢出并进位
    所以装初值时要对 TL0 进行求模和求余*/
    EA = 1;                         //打开总中断
    ET0 = 1;                        //开启 T0 中断
    TR0 = 1;                        //启动 T0
    while(1);
}
/*      中断子程序      */
void Timer0() interrupt 1           //数字 1 表示中断编号
{
    /*进入定时中断子程序后重新装载初值用于下一次定时*/
    TH0 = (8192-5000)/32;
    TL0 = (8192-5000)%32;
}
```

（2）示例 2：使用 T0，设置 50ms 定时，计时结束触发中断工作，晶振频率是 12MHz。

设计步骤一：选择定时器/计数器类型。

12MHz 晶振频率提供的工作节拍是 1μs。50ms=50000μs，需要定时器/计数器计数 50000 次，16 位的定时器/计数器才能满足 50ms 的计时要求，16 位定时器对应 M1M0=01。

设计步骤二：设置定时值。

TH0 寄存器、TL0 寄存器设置的值可由如下公式算得：

$$TH0=(2^{16}-5000)/256$$

$$TL0=(2^{16}-5000)\%256$$

提问：为什么用 256 作为除数？请仔细观察 16 位定时器/计数器的 TH0 寄存器、TL0 寄存器。

设计步骤三：计时结束提醒。

示例要求计时结束触发中断，因此需要配置定时器/计数器中断。中断程序如下。

```
    ET0=1;  //打开 T0 的中断
    EA=1;   //打开单片机的总中断
    //编写中断处理程序
    void Timer0() interrupt 1
{
    //编写处理程序
}
```

完整示例程序如下。

```
/**********************************/
/*设单片机的晶振频率为 12MHz*/
/*T0 采用工作模式 1*/
/*精确定时 50ms*/
/*T0 采用中断的处理方式*/
/**********************************/
/****************************************************/
/*定时器/计数器的工作模式*/
/* M1M0=00，工作模式 0，13 位定时器/计数器*/
/* M1M0=01，工作模式 1，16 位定时器/计数器*/
/* M1M0=10，工作模式 2，初值自动重装 8 位定时/计数器*/
/* M1M0=11，工作模式 3，T0 有效，TL0 分为两个 8 位定时器/计数器，T1 无此工作模式 */
/****************************************************/
/****************************************************/
/*设定时器/计数器初值为 X，计数值为 N，T0 为 16 位定时器/计数器*/
/*因为 X+N=2^16=65536，所以 X =65536-N*/
/*假设定时器/计数器为 t 秒，则 N 为 t/机器周期 */
/*所以定时器/计数器初值 X=65536-t/机器周期*/
/****************************************************/
/*机器周期由晶振频率 12 分频得到，即机器周期频率 F=fosc/12*/
/*所以机器周期 T=1/F=1/(fosc/12)=12/fosc*/
/*因为晶振频率为 12MHz，所以机器周期 T=12/12=1μs*/
#include<reg52.h>                  //调用头文件
#define uint unsigned int          //宏定义
#define uchar unsigned char
/*     主函数     */
void main()
{
TMOD = 0x01;                    //设置 T0 为工作模式 1
TH0 = (65536-50000)/256;     //给 T0 装载初值
TL0 = (65536-50000)%256;     //定时 50ms
```

```
/*T0 在工作模式 1 时为 16 位定时器/计数器
所以 T0 的最大计数为 2^16=65536
由于 TL0 寄存器使用了 8 位，当 8 位计数满 2^8=256 后溢出并进位
所以在装初值时要对 TL0 寄存器进行求模和求余*/
EA = 1;                         //打开总中断
ET0 = 1;                        //打开 T0 中断
TR0 = 1;                        //启动 T0
while(1);
}
/*      中断子程序      */
void Timer0() interrupt 1      //数字 1 表示中断编号
{
/*进入定时中断子程序后重新装载初值用于下一次定时*/
TH0 = (65536-50000)/256;
TL0 = (65536-50000)%256;
}
```

（3）示例 3：使用 T0，设置 0.2ms 定时，自动重复定时，到时触发中断，晶振频率是 12MHz。

设计步骤一：选择定时器/计数器类型。

12MHz 晶振频率提供的工作节拍是 1μs。0.2ms=200μs，需要定时器/计数器计数 200 次，8 位的定时器/计数器可以满足 0.2ms 计时要求。示例要求自动重复定时，可采用初值自动重装的 8 位定时器/计数器，对应 M1M0=10。

设计步骤二：设置定时值。

TH0 寄存器、TL0 寄存器设置的值可由如下公式算得：

$$TH0=2^8-200$$

$$TL0=2^8-200$$

提问：为什么将 TH0 寄存器和 TL0 寄存器设置成同样的数值呢？

设计步骤三：定时到时提醒。

示例要求定时到时提醒，因此需要配置定时器/计数器中断。中断程序如下。

```
ET0=1;  //打开 T0 中断
EA=1;   //打开单片机的总中断
//编写中断处理程序
void Timer0() interrupt 1
{
    //编写处理程序
}
```

完整示例程序如下。

```
/*************************************/
/*设单片机的晶振频率为 12MHz*/
/*T0 采用工作模式 2*/
/*精确定时 0.2ms*/
/*T0 采用中断的处理方式*/
/*************************************/
/**********************************************************/
```

```
/*定时器/计数器的工作模式*/
/* M1M0=00，工作模式 0，13 位定时器/计数器*/
/* M1M0=01，工作模式 1，16 位定时器/计数器*/
/* M1M0=10，工作模式 2，初值自动重装的 8 位定时器/计数器*/
/* M1M0=11，工作模式 3，T0 有效，T0 分为两个 8 位定时器/计数器，T1 无此工作模式 */
/*******************************************************/
/*******************************************************/
/*设定时器/计数器初值为 X，计数值为 N，T0 为初值自动重装的 8 位定时器/计数器*/
/*因为 X+N=2^8=256，所以 X=256-N*/
/*假设定时为 t 秒，则 N 为 t/机器周期 */
/*所以定时器/计数器初值 X=256-t/机器周期*/
/*******************************************************/
/*机器周期由晶振频率 12 分频得到，即机器周期频率 F=fosc/12*/
/*所以机器周期 T=1/F=1/(fosc/12)=12/fosc*/
/*因为晶振频率为 12MHz，所以机器周期 T=12/12=1μs*/
#include<reg52.h>               //调用头文件
#define uint unsigned int      //宏定义
#define uchar unsigned char
/*      主函数      */
void main()
{
    TMOD = 0x02;                //设置 T0 为工作模式 2
    TH0 = 0x38;         //给 T0 装载初值，TH0 寄存器用于中断产生后给 TL0 寄存器赋初值
    TL0 = 0x38;                 //定时 0.2ms
    /*T0 在工作模式 2 时为初值自动重装的 8 位定时器/计数器
    所以 T0 的最大计数为 2^8=256
    由于 TL0 寄存器使用了 8 位，当 8 位计数满 2^8=256 后发生溢出并发送中断请求
    同时将 TH0 寄存器中的数据自动装入 TL0 寄存器*/
    EA = 1;                     //打开总中断
    ET0 = 1;                    //打开 T0 中断
    TR0 = 1;                    //启动 T0
    while(1);
}
/*      中断子程序      */
void Timer0() interrupt 1      //数字 1 表示中断编号
{
//因为在工作模式 2 时 T0 为初值自动重装 8 位定时器/计数器，所以不需要在中断子函数中赋初值
}
```

（4）示例 4（复杂）：使用 T0 的工作模式 3 功能，设计两个独立的定时器/计数器，分别计时 0.1ms 和 0.2ms，到时触发中断。

说明：工作模式 3（M1M0=11）是一个特殊的工作模式。工作模式 3 只适用于 T0。当 T0 为工作模式 3 时，TH0 寄存器和 TL0 寄存器为两个独立的 8 位定时器/计数器。其中，TL0 既可用作定时器又可用作计数器，并使用 T0 的所有控制位及其定时器清 0 标志和中断源。TH0 只能用作定时器，并使用 T1 的控制位 TR1、清 0 标志 TF1 和中断源。一般情况下，T0 不运行于工作模式 3，除非 T1 处于工作模式 2 并不要求中断。这时，T1 往往用作串口波特率发生器，TH0 用作定时器，TL0 用作定时器或计数器。工作模式 3 是为单片机有 1 个独立的定时器 / 计数器、1 个定时器及 1 个串口波特率发生器的应用场合特地提供的。这时，可把 T1 设为工作模式 2，把 T0 设为工作模式 3。

设计步骤一：选择定时器/计数器类型。

示例已经设定选择 T0 的工作模式 3，即 M1M0=11。

设计步骤二：设置定时值。

设置 TH0 为 0.2ms 定时器，TL0 为 0.1ms 定时器，则计数值分别为 TH0= 2^8-200；TL0= 2^8-100。

设计步骤三：定时到时提醒。

示例要求定时到时提醒，因此需要配置定时器/计数器中断。在工作模式 3 下，TH0 定时器对应触发 T1 的中断，因此中断程序如下。

```
ET0=1;   //打开 TL0 定时器的中断
ET1=1;   //打开 TH0 定时器的中断
EA=1;    //打开单片机的总中断
//编写中断处理程序
void Timer0() interrupt 1
{
    //编写 TL0 定时器对应的处理程序
}
void Timer0() interrupt 3
{
    //编写 TH0 定时器对应的处理程序
}
```

完整示例程序如下。

```
/**********************************/
/*设单片机的晶振频率为 12MHz*/
/*T0 采用工作模式 3*/
/*精确定时 0.2ms 和 0.1ms*/
/*T0 采用中断的处理方式*/
/**********************************/
/*****************************************************/
/*定时器/计数器的工作模式*/
/* M1M0=00，工作模式 0，13 位定时器/计数器                    */
/* M1M0=01，工作模式 1，16 位定时器/计数器                    */
/* M1M0=10，工作模式 2，初值自动重装的 8 位定时器/计数器      */
/* M1M0=11，工作模式 3，T0 有效，T0 分为两个 8 位定时器/计数器，T1 无此工作模式 */
/*****************************************************/
/*****************************************************/
/*设定时器/计数器初值为 X，计数值为 N，T0 为 8 位*/
/*因为 X+N=2⁸=256，所以 X = 256-N*/
/*假设定时为 t 秒，则 N 为 t/机器周期*/
/*所以定时器初值 X=256-t/机器周期*/
/*****************************************************/
```

```
/*机器周期由晶振频率12分频得到，即机器周期频率 F=fosc/12*/
/*所以机器周期 T=1/F=1/(fosc/12)=12/fosc*/
/*因为晶振频率为12MHz，所以机器周期 T=12/12=1μs*/
#include<reg52.h>                    //调用头文件
#define uint unsigned int            //宏定义
#define uchar unsigned char
/*     主函数     */
void main()
{
    TMOD = 0x03;                     //设置T0为工作模式3
    TH0 = 0x9c;                      //定时0.1ms
    TL0 = 0x38;                      //定时0.2ms
    /*T0在工作模式3时为8位自动重装定时器/计数器，T0的最大计数为2⁸=256
    由于TL0使用了8位，当8位计数满2⁸=256后发生溢出并发送中断请求
    TH0同理，两个定时器/计数器分开计时*/
    EA = 1;                          //开总中断
    ET0 = 1;                         //开启T0中断
    ET1 = 1;                         //开启T1中断(TH0定时占用)
    TR0 = 1;                         //启动T0
    TR1 = 1;                         //启动T1(TH0定时占用)
    while(1);
}
/*     中断子程序     */
void Timer0() interrupt 1            //数字1表示中断编号
{
    TL0 = 0x38;  /*重新给TL0赋初值，两个定时器/计数器分开计时*/
}
void Timer1() interrupt 3            //数字3表示中断编号
{
    TH0 = 0x9c;  /*重新给TH0赋初值，两个定时器/计数器分开计时，TH0占用T1的中断编号*/
}
```

1.2.2　51单片机中断

1．中断概念

同学正在教室写作业，忽然被人叫出去，回来后继续写作业，这就是生活中的“中断”的现象，即正常的工作过程被外部的事件打断了。

51单片机的中断系统用一句话概述就是“五源中断，两级管理”。五个中断源如表1.11所示。

表1.11　五个中断源

中断源名称	中断源符号	默认中断级别	序号（C51编程用）
外部中断0	INT0	第1级（最高级）	0
T0中断	T0	第2级	1
外部中断1	INT1	第3级	2

续表

中断源名称	中断源符号	默认中断级别	序号（C51 编程用）
T1 中断	T1	第 4 级	3
串行口中断	TI/RI	第 5 级	4

讨论生活中的中断，与单片机的中断进行对比。

1）引起中断

生活中的很多事件可以引起中断：门铃响了、电话铃响了、闹钟响了、水烧开了等。可以引起中断的事件称为中断源。单片机中也有一些可以引起中断的事件。51 单片机共有五个中断源：两个外部中断，两个定时器/计数器中断，一个串口中断。

2）中断的嵌套与优先级处理

设想一下，如果你正在看书，电话铃响了，同时又有人按了门铃，应该先处理哪件事呢？如果这个电话很重要，那么你会先接电话。反之，如果你正在等一个重要的客人，你就会先去开门。如果既不等电话，也不等人上门，你可能会按习惯去处理。这里存在优先级问题，单片机中也是如此。优先级问题不仅发生在两个中断同时产生的情况下，也发生在一个中断已产生，又有一个中断产生的情况下。例如，你正在接电话门铃响了，或者你正在开门电话响了。在这些情况下，该如何处理呢？

3）中断响应过程

当有事件产生时，在处理事件前必须先记住现在书看到第几页了，或者拿一个书签放在当前页，然后去处理不同的事件（因为处理完事件后，还要回来继续看书）。就像电话铃响要到放电话的地方去、门铃响要到门边一样，不同的中断要在不同的地点处理，而这个地点通常是固定的。单片机中也采用类似的方法处理五个中断源。每个中断产生后都到一个固定的地方去处理这个中断程序，在去之前要先保存即将执行的指令的地址，以便处理完中断后回到原来的地方继续执行程序。

中断响应可以分为以下几个步骤。

步骤（1）保护断点：保存下一步将要执行的指令的地址，就是把这个地址送入堆栈。

步骤（2）寻找中断入口：根据五个不同的中断源产生的中断，查找五个不同的入口地址。

步骤（3）执行中断处理程序。

步骤（4）中断返回：执行完中断程序后，从中断处返回到主程序继续执行。

步骤（1）、步骤（2）是由单片机自动完成的，开发人员无须考虑。在五个不同的入口地址处存放着中断处理程序。

五个中断源的触发条件如表 1.12 所示。

表 1.12 五个中断源的触发条件

中断源符号	中断源名称	触发条件
INT0	外部中断 0	由 P3.2 口引入，低电平或下降沿引起
INT1	外部中断 1	由 P3.3 口引入，低电平或下降沿引起
T0	T0 中断	T0 计满清 0 引起
T1	T1 中断	T1 计满清 0 引起
TI / RI	串口中断	串口完成一帧字符发送 / 接收后引起

2. 中断相关寄存器

1）中断允许寄存器 IE

中断源与单片机响应之间有两级控制，作用类似于开关。第一级类似于一个总开关，第二级类似于五个分开关，这两级控制由 IE 寄存器完成。IE 寄存器如表 1.13 所示。

表 1.13 IE 寄存器

位序号	bit7	bit6	bit5	bit4	bit3	bit2	bit1	bit0
位符号	EA	—	—	ES	ET1	EX1	ET0	EX0

IE 寄存器位符号介绍如下。

EA：全局中断允许位。

当 EA=1 时，打开全局中断控制。各个中断控制位相应中断已打开才有效。当 EA=0 时，关闭全部中断。

—：无效位

ES：串口中断允许位。

当 ES=1 时，打开串口中断；当 ES=0 时，关闭串口中断。

ET1：T1 中断允许位。

当 ET1=1 时，打开 T1 中断；当 ET1=0 时，关闭 T1 中断。

EX1：INT1 中断允许位。

当 EX1=1 时，打开 INT1；当 EX1=0 时，关闭 INT1。

ET0：T0 中断允许位。

当 ET0=1 时，打开 T0 中断；当 ET0=0 时，关闭 T0 中断。

EX0：INT0 中断允许位。

当 EX0=1 时，打开 INT0；当 EX0=0 时，关闭 INT0。

2）中断优先级寄存器 IP

单片机同一时间只能响应一个中断请求。若同时来了两个或两个以上中断请求，就按优先级处理。将五个中断源分成高级、低级两个级别，高级优先。级别配置由 IP 寄存器实现。IP 寄存器如表 1.14 所示。

表 1.14 IP 寄存器

位序号	bit7	bit6	bit5	bit4	bit3	bit2	bit1	bit0
位符号	—	—	—	PS	PT1	PX1	PT0	PX0

IP 寄存器位符号介绍如下。

PS：串口中断优先级控制位。

当 PS=1 时，串口中断定义为高优先级中断；当 PS=0 时，串口中断定义为低优先级中断。

PT1：T1 中断优先级控制位。

当 PT1=1 时，T1 中断定义为高优先级中断；当 PT1=0 时，T1 中断定义为低优先级中断。

PX1：INT1 中断优先级控制位。

当 PX1=1 时，INT1 中断定义为高优先级中断；当 PX1=0 时，INT1 中断定义为低优先级中断。

PT0：T0 中断优先级控制位。

当 PT0=1 时，T0 中断定义为高优先级中断；当 PT0=0 时，T0 中断定义为低优先级中断。

PX0：INT0 中断优先级控制位。

当 PX0=1 时，INT0 中断定义为高优先级中断；当 PX0=0 时，INT0 中断定义为低优先级中断。

1.2.3　简单按键设计

对于一个单片机系统而言，用于人机交互的 I/O 口是很重要的一部分。绝大多数基于单片机的产品都提供人机交互功能，如各种仪器设备上的按钮、开关等。对于大多数 51 单片机初学者而言，熟悉按键程序设计是一件很重要的事情。

按键的种类很多，不同种类按键的工作原理基本相似。下面以一种轻触开关为例来讲解按键程序的设计。轻触开关实物图如图 1.10 所示。

按键与单片机的连接如图 1.11 所示。

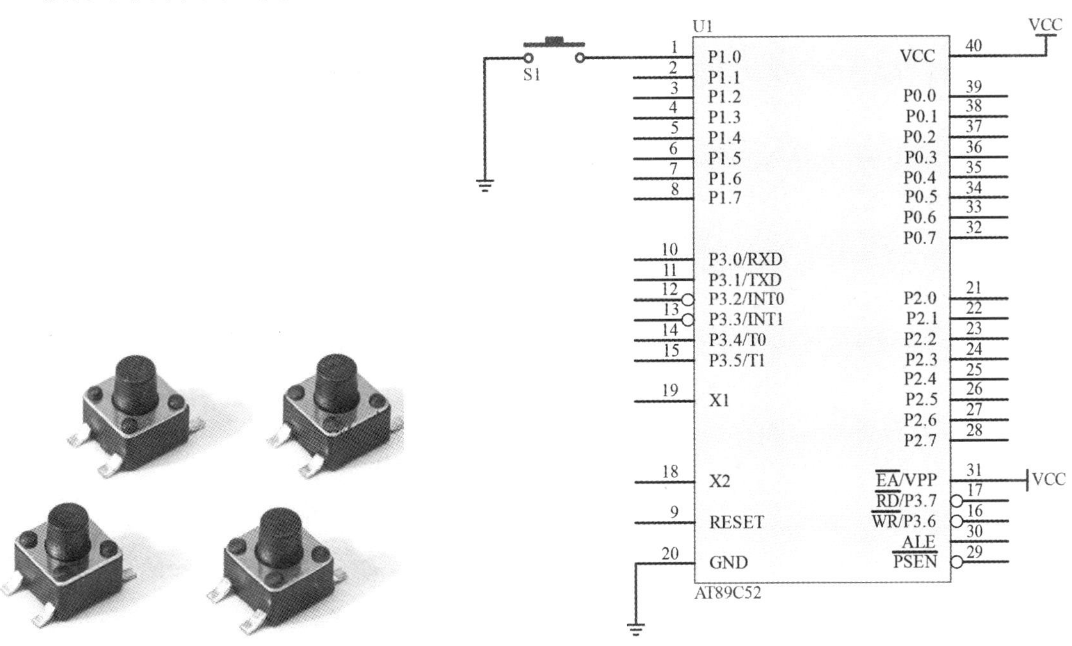

图 1.10　轻触开关实物图　　　图 1.11　按键与单片机的连接

当 P1.0 口为低电平时，表示按键已经被按下；反之，表明按键没有被按下。

图 1.12 所示为理想按键电平波形图。当按键按下时，P1.0 口的电平马上被拉低到 0V。

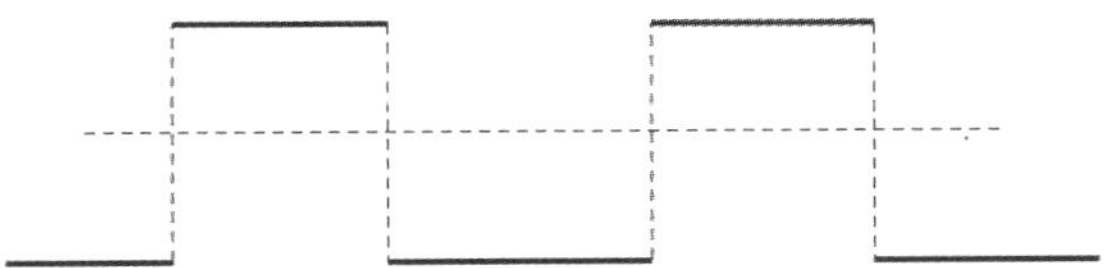

图 1.12　理想按键电平波形图

图 1.13 所示为实际机械按键电平变化波形图。

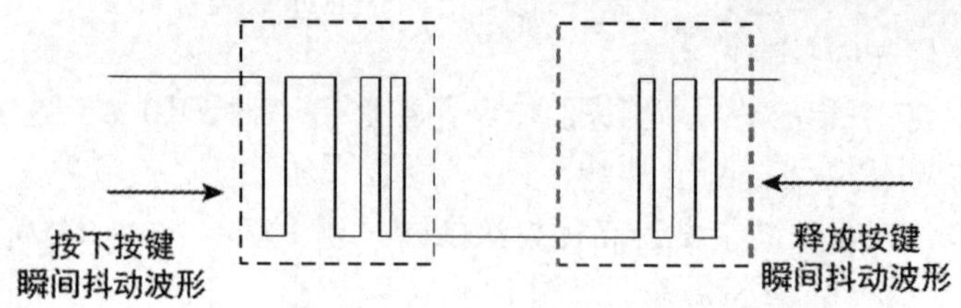

图 1.13　实际机械按键对应的电平变化波形图

由于按键的机械特性，按键在被按下时并不能马上保持良好的接触，会来回弹跳。这个时间很短，手根本感觉不出来。但是对于 1s 执行百万条指令的单片机而言，这个时间相当长。在这段按键抖动的时间内，单片机可能读到多次电平高低变化。如果不加任何处理，就会认为按键按下或释放了很多次。事实上，手一直按在按键上，并没有多次重复按动按键。要想正确地判断按键是否被按下就要避开这段抖动的时间。根据一般按键的机械特点，以及按键的新旧程度等，这段按键抖动的时间一般为 5～20ms。

图 1.14 所示为软件处理按键抖动的流程图，此设计思想还有改进空间。

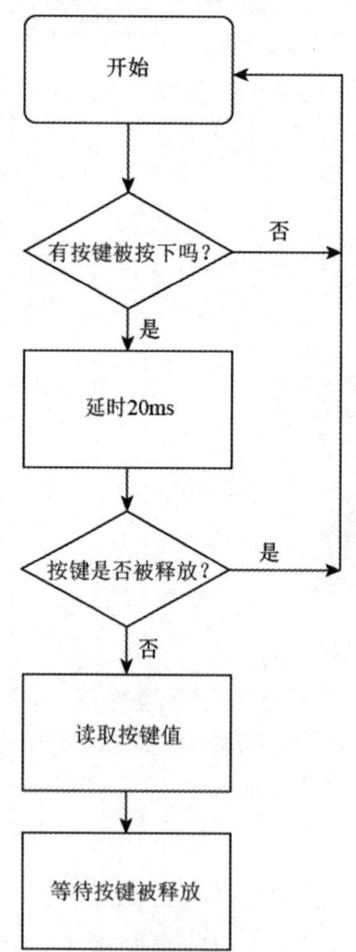

图 1.14　软件处理按键抖动的流程图

图 1.14 对应的示例程序如下。

```
unsigned char v_ReadKey_f( void )
    {
unsigned char KeyPress ;
       if ( P1.0 == 0)
       {
          delay(20) ;        //延时 20ms，该延时函数不在此处定义
if( P1.0 == 0)
          {
KeyPress = 1 ;
while( !P1.0) ;              //等待按键被释放
}
else
KeyPress = 0 ;
}
    }
```

如果用上述程序做一个由数码管加按键组成的时钟，会发现当按键被按下时，数码管不亮，这是为什么呢？原因在于 KeyPress 函数。一旦有按键被按下，该键盘扫描函数就会占用单片机的大部分时间（延时 20ms 函数）。那么按键扫描函数该如何写呢？如果把单片机延时的 20ms 拿去做其他事情，就可以充分利用单片机资源了。

一般情况下，只要前沿去抖动就可以了。也就是说，只需要在按键按下后去抖动即可，无须过于关注按键的释放抖动。当然，这和按键应用的场合有关。一个能有效识别按键按下并支持连发功能的按键已经能够应用到大多数场合了。

下面以四个独立按键的处理程序为例来进行讲解（支持单击和连发）。

```
#include"regx52.h"
sbitKeyOne = P1^0 ;
sbitKeyTwo = P1^1 ;
sbitKeyThree = P1^2 ;
sbitKeyFour = P1^3 ;
#define uint16 unsigned int
#define uint8 unsigned char
#define NOKEY  0xff
#define KEY_WOBBLE_TIME 500     //去抖动时间（待定）
#define KEY_OVER_TIME 15000
//等待进入连击时间（待定），该时间要比正常按键时间长，防止无意的按键连击
#define KEY_QUICK_TIME 1000     //等待按键抬起的连击时间（待定）
voidv_KeyInit_f( void )
{
    KeyOne = 1 ;                //按键初始化（相应接口写 1）
    KeyTwo = 1 ;
    KeyThree = 1 ;
    KeyFour = 1 ;
}
```

```
uint8 u8_ReadKey_f(void)
{
    static uint8 LastKey = NOKEY ;                         //保存上一次的键值
    static uint16 KeyCount = 0 ;                           //按键延时计数器
    static uint16 KeyOverTime = KEY_OVER_TIME ;            //按键抬起时间
    uint8 KeyTemp = NOKEY ;                                //临时保存读取的键值
    KeyTemp = P1 & 0x0f ;                                  //读取键值
    if(KeyTemp == 0x0f )
    {
        KeyCount = 0 ;
        KeyOverTime = KEY_OVER_TIME ;
        return NOKEY ;                                     //无按键被按下，返回 NOKEY
    }
    else
    {
        if( KeyTemp == LastKey )                           //按键是否是第一次被按下
        {
            if( ++KeyCount == KEY_WOBBLE_TIME )
            //若按键不是第一次被按下，则判断抖动是否结束
            {
                return KeyTemp ;                           //去抖动结束，返回键值
            }
            else
            {
                if(KeyCount>KeyOverTime )
                {
                    KeyCount = 0 ;
                    KeyOverTime = KEY_QUICK_TIME ;
                }
                return NOKEY ;
            }
        }
        else
        //若按键是第一次被按下，则保存键值，以便在下次执行此函数时与读取的键值做比较
        {
            LastKey = KeyTemp ;                            //保存第一次读到的键值
            KeyCount = 0 ;                                 //延时计数器清 0
            KeyOverTime = KEY_OVER_TIME ;
            return NOKEY ;
        }
    }
}
```

下面是测试用主程序（相关头文件未列出，仅用作测试演示）。

```
void main(void)
{
```

```
    uint8KeyValue ;
    int16 Count ;
    vLcdInit_f() ;
    vKeyInit_f() ;
    CLS
    LOCATE(3, 1)
    PRINT("Key Test")
    LOCATE(6, 2)
    SHOW_ICON
    while(1)
    {
        KeyValue = u8_ReadKey_f() ;
        if(KeyValue != NOKEY )
        {
            LOCATE(1, 2)
            if(KeyValue == 0x0e )Count++ ;
            if(KeyValue == 0x0d )Count-- ;
            if(KeyValue == 0x0b )Count = 0 ;
            if(KeyValue == 0x07 )Count = 0 ;
            HIDE_ICON
            PRINTD(Count, 5)
            LOCATE(6, 2)
        }
        else
        {
            //SHOW_ICON
        }
    }
}
```

每次执行键盘扫描函数时，对一些标志进行判断后就退出。这样能够充分利用单片机的资源，同时可以支持连发功能。此键盘扫描函数可以直接放在主函数中。如果感觉按键太灵敏或太迟钝，就修改相关的去抖动的宏定义。此键盘扫描函数也可以通过中断标志位进行定时扫描。此时，需要添加一个定时标志位，并将相关的去抖动和连击时间的宏定义改小。完成修改后在主程序后写类似下面的程序即可。

```
if( KeyTime )        //定时扫描时间到
{
    KeyValue = u8_ReadKey_f() ;
}
```

如果要使用更多按键，那么该如何设计呢？假如每个按键都直接接在单片机的 I/O 口上会占用很多资源。一种改进方法是将 I/O 口连接成矩阵键盘，将按键接在每一行和每一列的相交处。M 行 N 列的矩阵可以接的按键总数是 $M\times N$。下面以常见的 4×4 矩阵键盘为例来讲解矩阵键盘的编程。4×4 矩阵键盘的一般接法如图 1.15 所示。

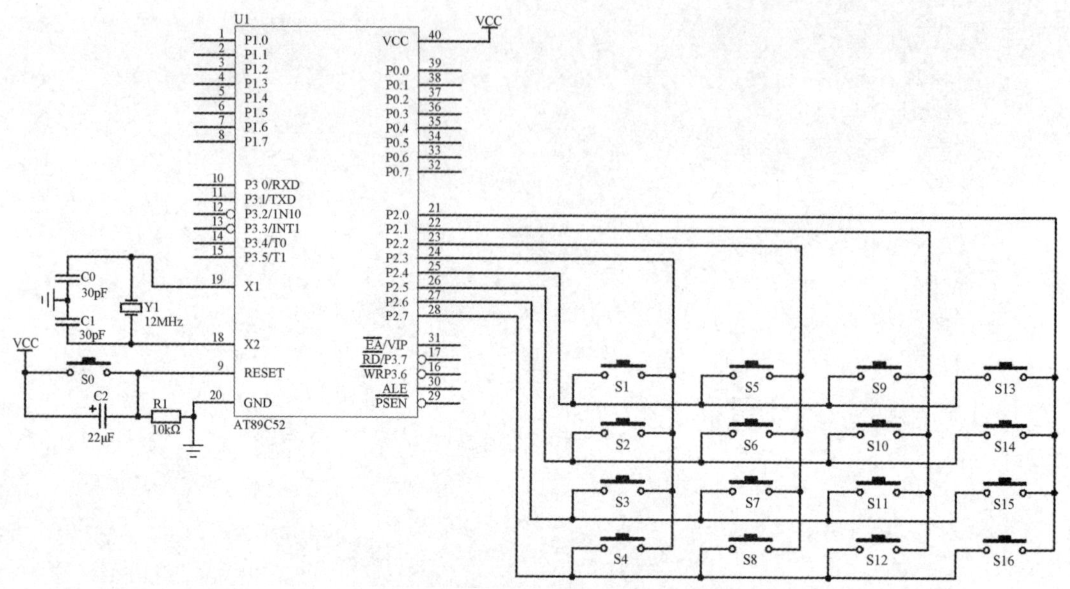

图 1.15　4×4 矩阵键盘的一般接法

这里讲解一种快速键盘扫描法——线翻转法（又称行列翻转法），具体流程如下：让单片机的行全部输出 0，列全部输出 1，读取列的值（假设行接 P2 口的高四位，列接 P2 口的低四位），即 P2=0x0f。此时读取列的值，如果有按键被按下，读取的相应的列的值应该为低，如此时读取的值为 0x0e，即按键的列位置已经确定。这时反过来，把行作为输入，列作为输出，即 P2=0xf0。此时读取行的值，如果按键仍然被按下，读取的相应行的值应该为低，如此时读取的值为 0xe0，即按键的行位置已经确定。知道了一个按键被按下的行和列的位置，就可以确定按键的位置了。把读取的行值和列值进行或运算——0xe0|0x0e，得 0xee，因此 0xee 就是被按下的按键的键值。示例程序如下。

```
/******************************************
* 此模块需要的相关支持库 *
******************************************/
#include"at89x52.h"
#define uint8 unsigned char
#define uint16 unsigned int
/****************************************
* 与硬件连接相关的定义及宏定义和操作宏 *
****************************************/
#define KEYBOARD     P2      //键盘连接到单片机的 P2 口上
#define READ_ROW_ENLABLE    KEYBOARD = 0x0f ;
//读接口之前先把相应接口置 1（由基本 51 单片机特性决定）
#define READ_COL_ENLABLE    KEYBOARD = 0xf0 ;
 // 根据实际硬件连接情况修改
/*****************************************
* 模块内相关的宏定义及常数宏 *
*****************************************/
#define NOKEY          0xff    //定义无按键按下时的返回值
#define DELAY_COUNT  2       //去抖动时间常数
```

```
/*****************************************
* 此模块需要的全局变量或外部变量  *
*****************************************/
bit bdataStartScan = 0 ;//此变量需放在定时中断中置1
/*****************************************
* 按键扫描函数，按键被按下后经去抖，确定按键被按下，则返回键值0~15  *
* 无按键被按下，则返回0xff  *
* 此函数需要定时器/计数器的支持  *
*****************************************/
uint8 u8_KeyBoardScan_f()
{
static uint8 DelayCount = 0 ;
uint8KeyValueRow = 0 ;
uint8KeyValueCol = 0 ;
uint8KeyValue = 0 ;
  if( StartScan )          //开始扫描，StartScan在定时中断中置1
  {
         StartScan = 0 ;
         //清除开始扫描标志位，避免多次重复执行键盘扫描程序
         //读入按键状态前先向相应接口写1
         READ_ROW_ENLABLE
         if( ( KEYBOARD & 0x0f ) != 0x0f )  //判断是否有按键被按下
         {
                DelayCount++;
                //若有按键被按下，则判断是否达到延时去抖动时间
                if( DelayCount<= DELAY_COUNT )
                  {
                    return NOKEY ;
                  }
                  else                          //消除抖动
                  {  //再次判断按键是否真的被按下
                    if( ( KEYBOARD & 0x0f ) != 0x0f )
                    {
                        //确定按键被按下后，延时去抖定时器/计数器清0
                        DelayCount = 0 ;
                         KeyValueRow = KEYBOARD & 0x0f ; //取得行码
                         //准备读列码，先向相应接口写1（由基本51单片机硬件结构决定）
                         READ_COL_ENLABLE
                         if ( (KEYBOARD & 0xf0) != 0xf0 ) //读列码
                         {
                            //取得列码
                            KeyValueCol = KEYBOARD &0xf0 ;
                            //将取得的行码和列码进行或运算，得到相应按键的键值
                            switch(KeyValueCol | KeyValueRow)
                            {
```

```
                        case 0x77 : KeyValue = 0 ; break ;
                        case 0xb7 : KeyValue = 1 ; break ;
                        case 0xd7 : KeyValue = 2 ; break ;
                        case 0xe7 : KeyValue = 3 ; break ;
                        case 0x7b : KeyValue = 4 ; break ;
                        case 0xbb : KeyValue = 5 ; break ;
                        case 0xdb : KeyValue = 6 ; break ;
                        case 0xeb : KeyValue = 7 ; break ;
                        case 0x7d : KeyValue = 8 ; break ;
                        case 0xbd : KeyValue = 9 ; break ;
                        case 0xdd : KeyValue = 10 ;break ;
                        case 0xed : KeyValue = 11 ;break ;
                        case 0x7e : KeyValue = 12 ;break ;
                        case 0xbe : KeyValue = 13 ;break ;
                        case 0xde : KeyValue = 14 ;break ;
                        case 0xee : KeyValue = 15 ;break ;
                        default :    return NOKEY ;
                    }
                    return  KeyValue ;
                }
                else
                {
                    DelayCount = 0 ;
                    return NOKEY ;
                }
            }
            else
            {
                    DelayCount = 0 ;
                    return NOKEY ;
            }
        }
    }
    else
    {
        DelayCount = 0 ;
        return NOKEY ;
  }
 }
}

void v_T0_Isr_f( void ) interrupt INTERRUPT_TIMER2_OVERFLOW
{
    StartScan = 1 ;
}
/**************************************************
```

```
*                          模块调试                                    *
*****************************************************/
//主函数仅用作演示，这里并没给出除按键扫描函数外的主函数
void v_Init_T2_f( void )
{
  T2CON = 0x04 ;
  T2MOD = 0x00 ;
  TH2 = 0xd8 ;
  RCAP2H = 0xd8 ;
  TL2 = 0xf0 ;
  RCAP2L = 0xf0 ;
  ET2 = 1 ;
  TR2 = 1 ;
}

void main( void )
{
uint8readkey = 0 ;
v_Init_T2_f( ) ;
v_LcdInit_f( );
LOCATE( 1, 1)
PRINT("4*4KeyBoard Test")
EA = 1 ;
LOCATE( 3, 2)
while( 1 )
  {
        SHOW_ICON
        readkey =  u8_KeyBoardScan_f()    ;
        if(readkey != NOKEY)
        {
            PRINTN(readkey , 2)
            LOCATE( 3, 2)
            continue ;
    }
    else
    {
            continue ;
    }
  }
}
```

上面讨论了按键设计，主要分析了按键去抖动处理和键盘矩阵设计，这两个功能具有一定的典型性。

➢ 设计步骤

在项目实施前期需要仔细分析项目需求，将需求转换为可设计的功能，并初步确定项目

的整体设计方案。

本任务开始部分已经对项目需求做了简单的功能转换，具体如下。

（1）简单人机交互接口：按键输入、声音输出。

（2）简单的音阶控制：按键播放1～7音阶的声音。

（3）简单的音乐播放：自动播放1～7音阶的声音。

对项目需求做进一步分析，得到如表1.15所示的多音阶演奏器需求指标与设计功能对应表。

表1.15　多音阶演奏器需求指标与设计功能对应表

需求指标	设计功能
具有按键功能，根据按键不同，播放不同的声音，可以发出1～7音阶的声音	1．安排7个按键，每个按键对应产生一个音阶的声音 2．每个按键按下后蜂鸣器响一声，分别对应1～7音阶声音中的一个 3．没有要求长时间发声，没有要求发出其他声音
能够自动播放1～7音阶的声音	1．是否需要一个按键对应该功能，需求中没有明确提出，在设计方案中可以选择单独设计一个按键来完成该需求，也可以不用按键 2．自动播放1～7音阶的声音，在功能上应该是连续播放1～7音阶的声音 3．需求中没有明确说明是否循环播放1～7音阶的声音

在表1.15的基础上按照“充分满足需求，尽量减少不必要功能设计”的原则开发项目，在给出的设计方案示例中做了如下功能安排。

（1）提供7个按键，每个按键按下后蜂鸣器响一声，分别对应1～7音阶声音中的一个。声音持续播放，直到按键被释放。

（2）系统启动后先自动播放一遍1～7音阶的声音，然后进入等待按键发声状态。不提供单独的自动播放1～7音阶的声音的按键。

分析上面的功能安排发现自动播放1～7音阶的声音的功能似乎没有很好地满足项目需求。该项目需求只要求自动播放1～7音阶的声音，没有提出其他对应的完善性需求。因此，可以认为本设计方案满足需求。

1-2a 扫一扫看多音阶演奏器代码

设计步骤基本可按照以下几方面进行。

（1）讨论如何设计（总体方案）。

（2）设计硬件电路图（绘制电路原理图、仿真电路图），有条件的可以自制电路。

（3）绘制程序流程图（先粗略绘制，然后细化完善）。

1-2b 扫一扫下载本程序源代码

（4）编写程序。

（5）调试程序和电路。

（6）制作项目报告。

（7）提交作品（电路原理图、电路仿真图、实物、项目报告）。

本书给出参考设计，包括电路原理图（见图1.16）、仿真电路图（见图1.17）、程序流程图（见图1.18）、源代码。

➢ 应用测试

当该项目完成后，需要进行项目功能和性能测试，在通过测试后才能认为该项目合格。

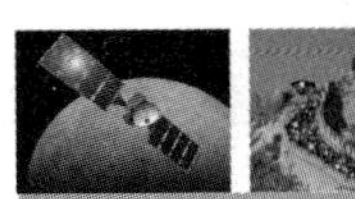

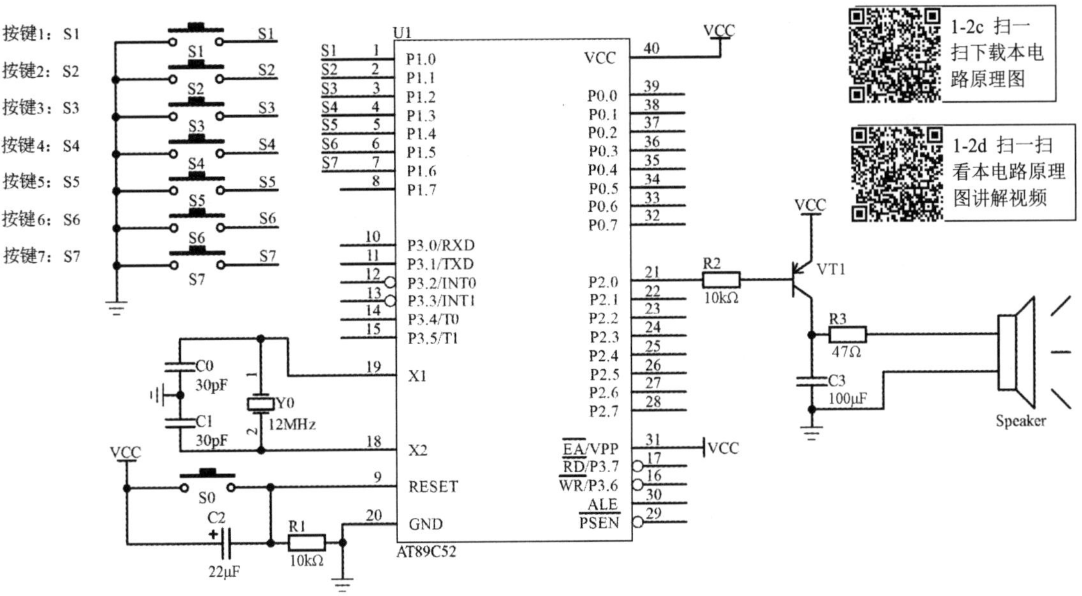

图 1.16　电路原理图

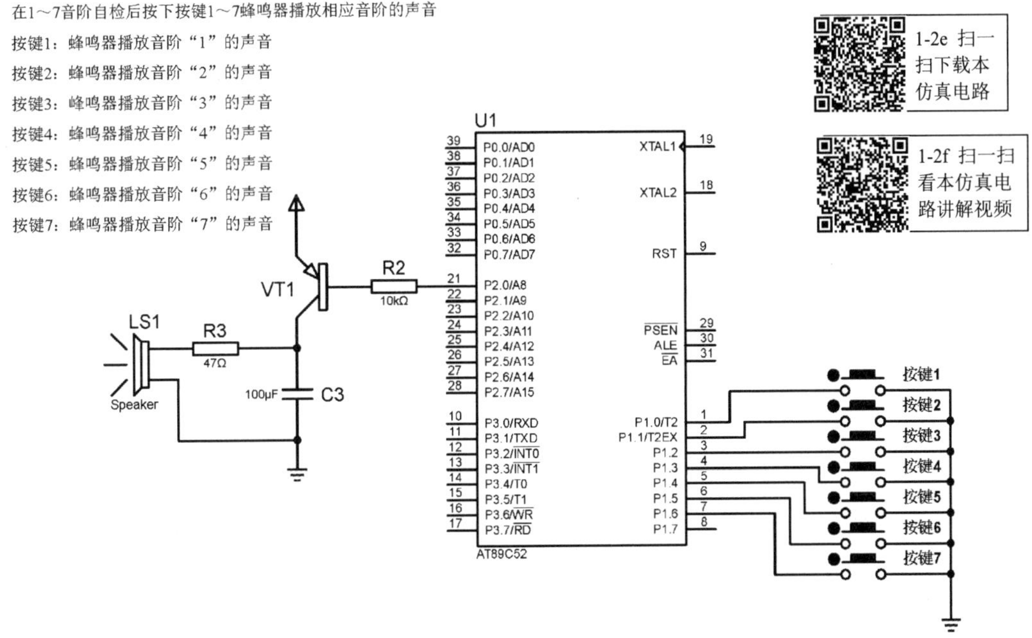

图 1.17　仿真电路图

在测试中，先考虑功能是否满足项目需求，然后验证性能是否满足项目要求。该项目的功能较简单，容易测试和验证。而性能测试需要重点考虑，测试点包括如下几点。

（1）系统能否满足项目需求？

检查和测试方式：按照需求检查系统的功能。

（2）系统的按键功能是否可以稳定工作？

检查和测试方式：逐个验证按键功能，适当进行极限测试（包括快速切换按键等）。

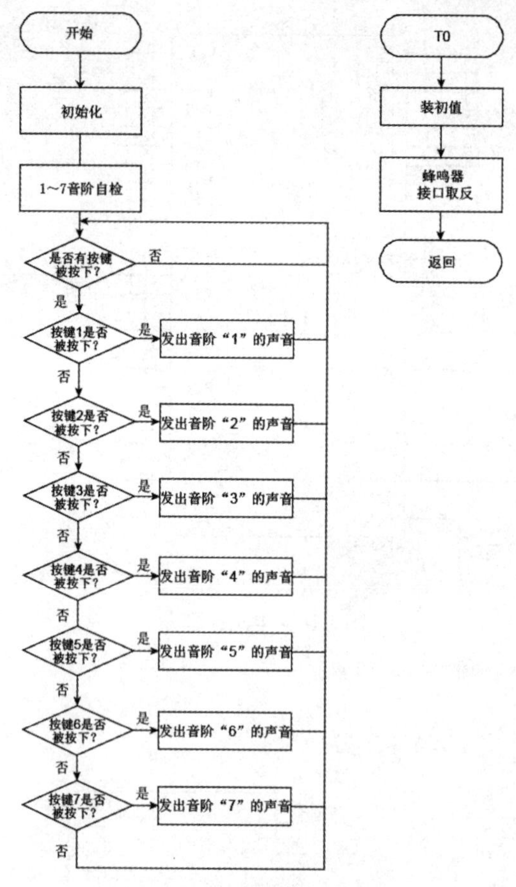

图 1.18　程序流程图

（3）声音是否是 1～7 音阶的 7 个声音？

检查和测试方式：根据系统的晶振频率，检查代码中的声音音阶设计部分，计算是否能正确产生 1～7 音阶声音对应的 7 个频率。

➢ 技能拓展

1）项目需求分析定义

需求分析是指对要解决的问题进行详细分析，弄清楚问题的要求，包括需要什么、要得到什么结果、最后应输出什么。简单地说，需求分析就是确定做什么。

需求分析是电子产品设计的关键过程。在这个过程中，项目开发人员需要确定顾客的需要。由本项目中的任务 1.1 和任务 1.2 的需求分析，尤其是功能分析可见，只有对设计需求有非常明确的了解和界定才能有效地进行项目开发。需求分析是一项重要且困难的工作，表现在以下几个方面。

（1）用户与开发人员交流问题。

在电子产品开发过程中，需求分析是面向用户的，是指对用户的业务活动进行分析，明确在用户的业务环境中系统应该做什么。但是在开始进行需求分析时，开发人员和用户都不能准确地确定系统应该做什么。因为开发人员不是用户问题领域的专家，不熟悉用户的业务活动和业务环境；而用户不熟悉电子产品设计的有关问题。由于双方互相不了解对方的工作，又缺乏共同语言，因此在交流时存在偏差。

（2）用户的需求是动态变化的。

对于一个较复杂的电子设备（产品），用户很难准确完整地提出它的功能和性能。一开始只能提出一个大概的功能，只有经过长时间熟悉才能逐步明确，有时在进入设计、编程阶段后才能明确。更有甚者，到项目后期还在提新要求，这无疑会给项目开发带来困难。

（3）系统变更的代价呈非线性增长。

需求分析是电子产品开发的基础。假设在该阶段发现一个错误，修正这个错误需要用花费 1 小时，而到电路设计、软件编程、项目测试和维护阶段修正该错误需要花费的时间将是之前的 2.5 倍、5 倍、25 倍，甚至 100 倍。

对于大型复杂系统，要先进行可行性研究。开发人员对用户的要求及现实环境进行调查、了解，从技术、经济和社会因素 3 方面进行研究并论证该项目的可行性，根据可行性研究结果，决定项目的取舍。

功能需求是电子产品的一项基本需求，但却不是唯一需求。通常有如下几方面的综合要求：功能需求、性能需求、可靠性需求、出错处理需求、接口需求、约束需求、逆向需求等。

2）需求分析的步骤

需求分析阶段的工作可以分为 4 方面：问题识别、分析与综合、制定需求规格说明书、评审。

（1）问题识别。

从系统角度来确定对所开发系统的综合要求，并提出这些需求的实现条件，以及需求应该达到的标准。这些需求包括功能需求（做什么）、性能需求（要达到什么指标）、环境需求（使用环境等）、可靠性需求（稳定性要求）、安全保密需求、用户界面需求、资源使用需求、成本消耗与开发进度需求。

（2）分析与综合。

逐步细化所有功能，找出系统各功能间的联系、接口特性和设计上的限制，分析它们是否满足需求，剔除不合理部分，增加需要部分。最终综合成系统的解决方案，给出要开发的系统的详细模型。

（3）制定需求规格说明书。

描述需求的文档被称为需求规格说明书，制定需求规格说明书也就是编制需求文档。需求分析阶段的成果是制定需求规格说明书，该需求规格说明书用于指导后面的具体功能设计。

（4）评审。

评审是指对功能的正确性、完整性和清晰性，以及其他需求给予评价。评审通过才可进入下一阶段，否则应重新进行需求分析。

上面谈到的是需求分析的基本概念。在单片机项目开发中，项目开发者应有需求分析意识和基本素养，无论完成自己设定的项目，还是实现别人安排的项目功能，都需要在项目前期明确功能需求，参照需求分析的标准步骤进行项目的功能界定，以较正式的文本形式确定应该做什么、需要达到什么技术指标、明确未定义部分如何处理等。

本项目的 3 个设计步骤部分都做了适当的需求分析，以加强读者培养需求分析的意识。

任务 1.3　简单的电子琴

➢ 任务介绍

在前面两个任务的基础上进一步增加功能，实现一个简单的电子琴。该电子琴的需求如下。

（1）乐曲模式切换：具有乐曲播放模式和单音阶播放模式。

（2）LED 指示灯：当灯亮时，按下 1～7 按键可产生播放的 1～7 音阶的声音；当灯灭后，按下 1～4 按键可播放 4 首乐曲；该灯由一个单独的按键控制，按下按键一次亮灭效果切换一次。

根据上面的需求，该电子琴应具有如下功能。

（1）有人机交互接口：键盘和 LED 指示灯。

（2）可播放完整曲目：有 4 首乐曲可以播放。

（3）具有切换功能：一个单独的按键控制电子琴指示灯的开关。

➢ 设计步骤

根据项目需求，得到如表 1.16 所示的简单的电子琴需求分析表。

表 1.16　简单的电子琴需求分析表

任务需求	功能分解
乐曲模式切换——具有乐曲播放模式和单音阶播放模式； 有一个 LED 指示灯。当灯亮时，按下 1～7 按键可播放对应的 1～7 音阶的声音；当灯灭时，按下 1～4 按键可播放 4 首乐曲；该灯由一个按键控制，按下按键一次亮灭效果切换一次	1. 乐曲模式切换功能用到的元器件有按键和指示灯，采用一个按键和一个 LED 来实现 2. 按键接入单片机，用于控制电子琴模式的转换 3. 指示灯可选择直接接入单片机、与按键连接两种方式。一般选择直接接入单片机方式，由单片机控制指示灯发光。若选择与按键连接方式，则硬件功能将被固定，后期指示灯功能扩展较难 4. 根据电子琴工作模式（乐曲播放和单音阶播放），考虑节省资源，使用 7 个按键，其中 4 个按键做功能复用，即 1～7 按键可用于播放 1～7 音阶的声音；复用 1～4 按键，在乐曲播放模式下播放 4 首乐曲 5. 需求中没有明确规定按键与播放的具体关系，因此在设计时具有较大自由度。例如，在播放单音阶的声音时，可长按长响，或者触发一次按键响一声；在播放乐曲时，可在乐曲播放完再切换，或者在乐曲播放过程中随时切换

由于该项目的需求复杂（表现在人机交互和功能切换方面），在设计时要考虑多种操作模式存在的问题，并提出合适的解决方案。例如，根据表 1.16“功能分解”中的第五点描述，假如采取了在乐曲播放完再响应按键功能，那么可以设想在播放一首乐曲时，如果切换了指示灯模式，这时可能指示灯已经亮了（或灭了）但乐曲还在播放。从操作的感触来说，这种现象不是很合理，或者说人机友好度有些欠缺。本示例的设计保留了这种不友好的设计，目的是希望读者能够按照上面分析的思路完善和改进设计，达到较为满意的效果。

根据简单的电子琴的功能设计，先考虑硬件电路设计：可采用单片机 P2.0 口控制蜂鸣器发声，P3.3 口控制 LED 亮灭，P1 口控制按键及 INT0 的播放模式切换按键。然后考虑电子琴的工作机制：开始 LED 亮，说明按下按键 1～7 中的一个，蜂鸣器就发出对应音阶的声音。由 INT0 的按键控制 LED 亮灭（模式转换）。当 LED 灭了，按下按键 1、按键 2、按键 3、按键4中的一个，蜂鸣器就播放对应的乐曲。

说明：采用INT0来实现播放模式切换的原因是为以后的功能改进做预留。本书给出参考设计，包括电路原理图（见图1.19）、仿真电路图（见图1.20）、程序流程图（见图1.21）和源代码（请扫二维码下载后阅览）。

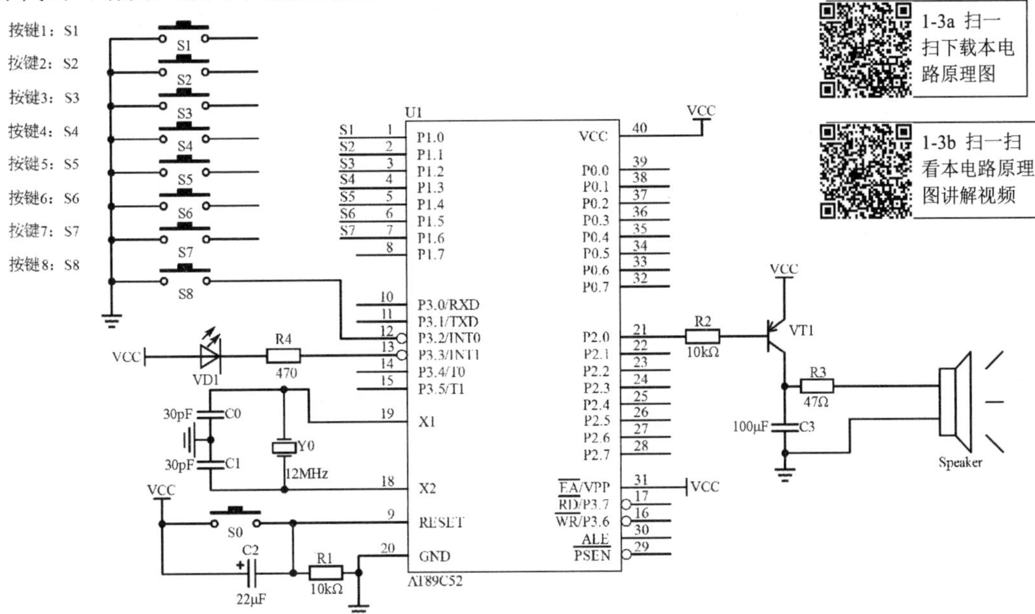

图1.19　电路原理图

按下按键1～7，实现蜂鸣器播放不同音阶的声音或乐曲

	灯灭：播放音阶1～7的声音	灯亮：播放乐曲状态
按键1：	蜂鸣器播放音阶"1"的声音	乐曲1
按键2：	蜂鸣器播放音阶"2"的声音	乐曲2
按键3：	蜂鸣器播放音阶"3"的声音	乐曲3
按键4：	蜂鸣器播放音阶"4"的声音	乐曲4
按键5：	蜂鸣器播放音阶"5"的声音	—
按键6：	蜂鸣器播放音阶"6"的声音	
按键7：	蜂鸣器播放音阶"7"的声音	

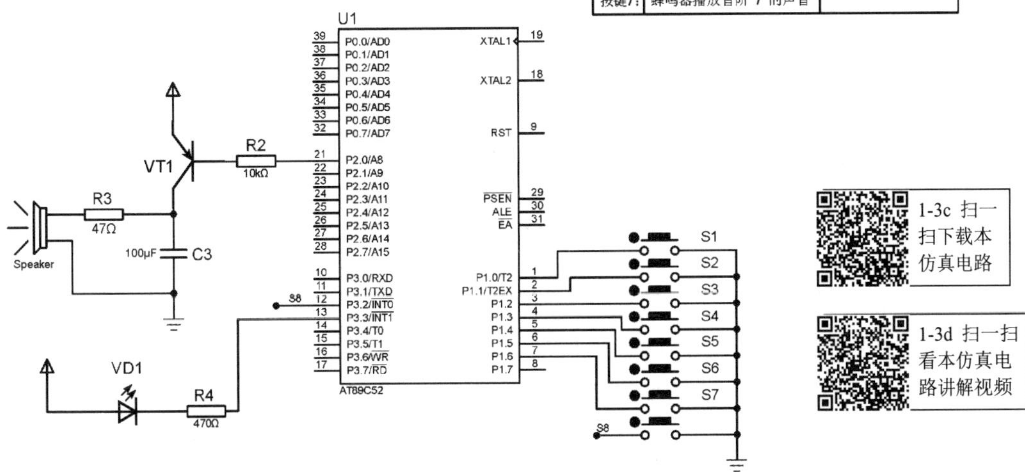

图1.20　仿真电路图

1-3e 扫一扫看简单电子琴代码

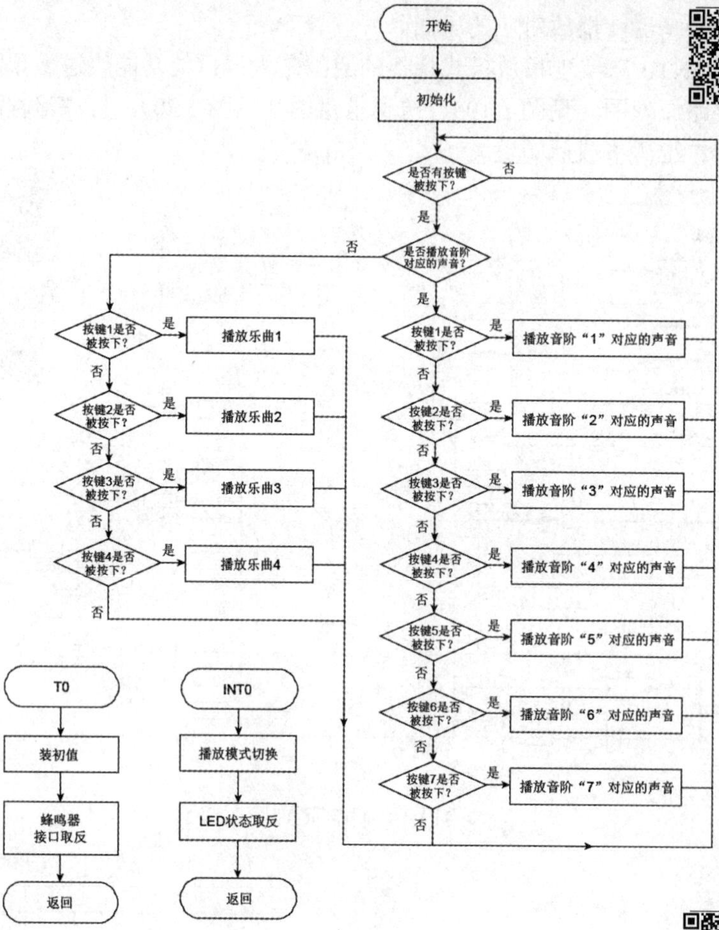

图 1.21　程序流程图

1-3f 扫一扫下载本程序源代码

➢ 应用测试

（1）先测试能否满足简单的电子琴的功能要求。

（2）在满足功能要求的基础上，测试该电子琴的操作有没有出现异常情况，如在播放一首乐曲时无法响应按键。

（3）测试该电子琴是否存在不稳定工作的情况，如按键的响应。

（4）测试该电子琴的设计是否存在不合理性及功能不可扩展的情况。

➢ 技能拓展

1）开发成本分析要点

在设计电子产品的过程中一般会对产品进行成本控制，如简化电路、减少元器件、简化安装工序。开发工作本身也需要进行成本控制。

电子产品开发成本一般包括以下几点。

（1）项目可行性分析费用。

（2）获取元器件资料费用。

（3）元器件费用。

（4）开发人员薪资。

（5）样机测试费用。

（6）时间成本。

进入项目可行性分析阶段后，项目管理人员应仔细做好项目规划工作。在一般情况下，一个项目的成功与否，取决于该项目的技术复杂性和成本复杂性。为了避免不可预知的工程复杂性导致的项目流产，项目管理人员在制定设计方案时需要召集各方面的人员，仔细分解该项目，并针对子项目逐一探讨分析，权衡各方面因素，决定项目是否可行，判断项目成功的代价。只有每个子项目都做到有把握后才能将整个项目推入实施阶段。

在项目通过可行性论证后，即可进入正式开发阶段。项目管理人员需要制定详细的开发技术规划，在确定一个项目的设计思路后，对应产品的开发成本、制造成本和维护成本大致就确定下来了。这个阶段项目负责人要和合作的开发人员充分交换意见，根据开发人员的数量和专长将项目分解，让每一个工程技术人员完成本项目的一部分工作。

项目开始运转后要做好设计文档。设计文档中要明确每个开发者必须完成的功能和单片机与外围设备之间的接口。同时要求每个开发人员做好自己开发的模块的技术文档。这样不仅有利于该项目今后的扩充维护，也有利于该项目的测试工作。这项工作还可以降低开发人员流动带来的工程扩充维护的风险，因为技术文档越详细，接替该工作的技术人员付出的时间代价越小。

2）开发成本控制关键点

在元器件选择方面，应尽量使用标准元器件或易于采购的元器件。这些元器件产量大、价格低、供货渠道多，对于降低硬件成本有显而易见的好处。尤其在设计的产品的产量不会很大时更应该如此。在设计一些高附加值、小批量的产品时，尽量使用硬件模块和软件模块来设计，这虽然会提高投入成本，但总体来讲，压缩开发时间，让产品更快投入市场带来的效益会高于这些投入成本。同时模块化设计不仅可以提高产品的设计质量，还可以将开发人员的精力集中在高层次的设计上，提高开发成就感。

综合使用各种 EDA 工具来完成设计，可以大幅度加快开发进度，减少差错，提高工程质量。EDA 工具包括 Altium、OrCAD、Pads 等电路板布线软件。这些 EDA 工具不仅包含原理图和电路板布线，也包含可编程逻辑器件（Programmable Logic Device，PLD）设计、信号仿真等模块，充分利用这些功能有利于在设计阶段发现构思和图纸中的缺陷，对减少设计阶段的返工和修改有事半功倍的效果。此外，还有一些其他种类的软件，如 MATLAB，通过该软件先仿真信号处理流程，然后根据仿真结果设计相关硬件和软件，可以缩短将程序反复写入目标机、反复调试算法的时间。

在设计电路时，修改硬件是在所难免的。为了便于电路修改，要注意电路的可塑性。电路的可塑性是指电路的可修改能力。电路便于修改可减少很多开发人员更改电路的简单劳动。在一般情况下，提高电路的可塑性的方法有以下几种。

（1）能使用软件实现的功能尽量不使用硬件实现。用软件代替硬件能降低产品成本，有利于产品的批量生产和销售。

（2）试制过程中适当在电路板上多留一些资源，如单片机的 ROM、RAM、I/O 口等资源都要留适当的余量。因为在设计过程中随时会有很多不可预见的情况发生，解决这些问题通

常会增加对硬件资源的需求量。如果没有在电路板上预留适当的冗余资源，将不得不在电路板外面再搭一小块电路板。这样会使技术人员花费很多时间修改电路。

（3）单片机软件程序的编写应尽量使用高级语言。

推荐使用 C 语言来编写软件单片机程序（对于常见的 8031 系列单片机，一般使用 Keil、Flanklin 等软件，其他类型的单片机一般都有配套的 C 语言编译器）。

用 C 语言开发的优势如下。

①用 C 语言开发可以大幅度加快开发进度。

②用 C 语言开发可以实现软件的结构化编程，使软件的逻辑结构变得清晰、有条理。

③用 C 语言开发程序的可维护性和软件的可读性很好。

④用 C 语言开发可以实现软件的低成本跨平台移植。

⑤用 C 语言开发使得软件接口容易做到规范统一。

虽然使用 C 语言编写的程序比使用汇编语言编写的程序占用的存储空间多 5%～20%，但是半导体技术的发展使得芯片的容量和运行速度得到大幅度提高。在这种情况下，程序占用的空间差异已经不是关键因素。相比之下，程序编写更应注重软件是否有长期稳定运行的能力，以及使用先进开发工具带来的时间成本的优势。

读者应在学习和应用单片机进行项目开发时，树立成本意识。在项目立项期间，从多角度（硬件成本、开发时间成本等）考量成本、市场价值等相关经济因素。

项目2 定时器/计数器与中断项目制作：流水灯设计

从单片机程序设计角度来看，本项目与项目 1 没有太大区别。项目 1 控制发声，本项目控制发光。声光控制是单片机应用的基本技能。两个项目都使用了定时器/计数器、中断、P口等资源。在项目 1 的基础上，本项目引导读者进一步熟练使用单片机资源，同时介绍 C51 程序编写规范、Proteus 与 Keil 联调、项目测试方法等知识。

本项目按照简单需求、复杂需求和创新需求 3 个层次分成 3 个任务进行，3 个任务分别是简单循环流水灯、键控花样流水灯、键控变速流水灯。

➢任务2.1：简单循环流水灯

- 8个LED从左到右逐一亮灯，再从右到左逐一亮灯，循环不停。

➢任务2.2：键控花样流水灯

- 8个LED，2个按键，3种流水花样，能够实现花样控制。

➢任务2.3：键控变速流水灯

- 在键控花样流水灯的基础上，增加速度调节、暂停/继续、开始/停止、花样切换等功能。

任务 2.1 简单循环流水灯

2-0 扫一扫看本项目教学课件

➢ 任务介绍

生活中，通过各种发光设备构成的照明设施随处可见，如楼宇外墙的广告灯、城市夜间

亮灯工程等，这些照明设施可以展示出多种多样的亮灯效果，这种效果在单片机应用领域一般被称为流水灯。

流水灯项目设计的目的是利用单片机控制 LED 实现多种发光显示效果。通过研究单片机控制多个 LED 模拟流水灯的变化效果，培养读者对单片机应用的兴趣。

本任务为简单循环流水灯，具体需求为 8 个 LED 从左到右逐一亮灯，再从右到左逐一亮灯，循环不停。

围绕本任务实施，先介绍常用 LED，然后介绍 C51 程序编写规范及 Proteus 与 Keil 联调等知识。

➢ 知识导入

2.1.1 常用 LED

LED（Light Emitting Diode，发光二极管）把电能转化成光能，是半导体二极管的一种。与普通二极管一样，LED 由一个 PN 结组成，具有单向导电性。在 LED 引脚两端加正向电压后，LED 发出荧光。常见的 LED 有红光 LED、绿光 LED、白光 LED、橙光 LED 等。图 2.1 所示为 LED 实物。图 2.2 所示为 LED 的电路符号。

图 2.1　LED 实物

图 2.2　LED 的电路符号

LED 的反向击穿电压约为 5V，其正向伏安特性曲线陡峭。在使用 LED 时必须串联限流电阻以控制流过 LED 的电流。LED 电路图如图 2.3 所示。

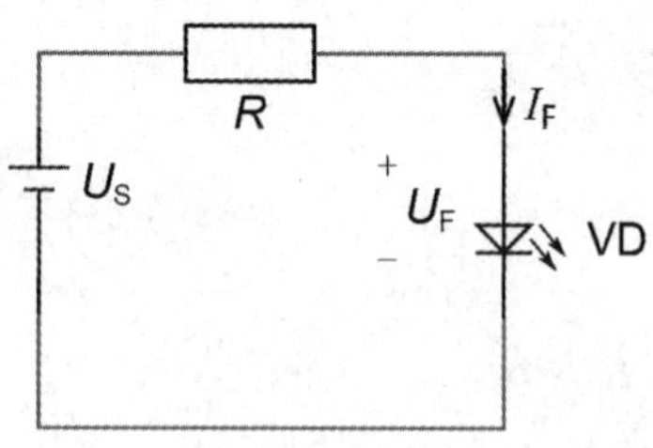

图 2.3　LED 电路图

限流电阻的阻值 R 可用下式计算：

$$R=\frac{U_S-U_F}{I_F}$$

式中，U_S 为电源电压；U_F 为 LED 的正向压降；I_F 为 LED 的一般工作电流。表 2.1 列出了常用 LED 的正向压降和工作电流。

表 2.1　常用 LED 的正向压降和工作电流

LED 类型	正向压降	工作电流
红光 LED	约为 1.8V	约 20mA
绿光 LED	约为 1.8 V	
橙光 LED	约为 1.9V	
蓝光 LED	约为 3V	
白光 LED	约为 3V	

下面介绍一些 LED 的类型。

1）普通单色 LED

普通单色 LED 具有体积小、工作电压低、工作电流小、发光均匀稳定、响应速度快、寿命长等优点，可用作各种直流、交流、脉冲等电源的驱动。该类型 LED 属于电流控制型半导体器件，在使用时需要串接合适的限流电阻。

普通单色 LED 的发光颜色与发光波长有关。表 2.2 列出了普通单色 LED 的发光颜色与发光波长的关系。

表 2.2　普通单色 LED 的发光颜色与发光波长的关系

发光颜色	发光波长
红色	650～700nm
橙色	610～630 nm
黄色	585nm 左右
绿色	555～570 nm

2）变色 LED

变色 LED 发出的光的颜色能变换。变色 LED 根据发出的光的颜色可分为双色 LED、三色 LED 和多色 LED（有红色、蓝色、绿色、白色四种颜色）。

变色 LED 根据引脚数量可分为二端变色 LED、三端变色 LED、四端变色 LED 和六端变色 LED。

3）闪烁 LED

闪烁 LED 是一种由 CMOS 集成电路和 LED 组成的特殊发光器件，可用于报警指示及欠压/超压指示。

在使用闪烁 LED 时，无须外接其他元件，在引脚两端施加适当直流工作电压（5V）即可闪烁发光。

4）电压控制型 LED

普通 LED 属于电流控制型器件，在使用时需串接适当阻值的限流电阻。电压控制型 LED 是将 LED 和限流电阻集成为一体，在使用时可直接并联在电源两端。

5）红外 LED

红外 LED 又称红外线发射二极管，可以将电能直接转换成红外光（不可见光）并辐射出去，主要应用于各种光控及遥控发射电路中。

红外 LED 的结构、原理与普通 LED 相近，只是使用的半导体材料不同。红外 LED 采用的半导体材料一般为砷化镓（GaAs）、砷铝化镓（GaAlAs）等，采用的封装材料为全透明或浅蓝色、黑色的树脂。

2.1.2 C51程序编写规范（一）

本书基于51单片机开展项目实施，主要使用C51编写程序，为了提高程序设计质量，学习C51程序编写规范是很有必要的。该规范主要是参考网上相关技术文章，并在此基础上进行了适当整理而成的。读者要认真学习C51编程规范，培养良好的编程习惯，以提高单片机开发效率。

C51程序编写规范

为了提高源程序的质量和可维护性，提高软件产品生产力，编写此规范。

1）范围

本规范主要针对C51和Keil而言，涉及数据类型定义、标识符命名、注释、函数、排版及程序结构等内容。

2）编程的基本要求

（1）格式清晰。

（2）注释简明扼要。

（3）命名规范易懂。

（4）函数模块化。

（5）程序易读、易维护。

（6）功能准确实现。

（7）程序空间效率和时间效率高。

（8）适度的可扩展性。

3）数据类型定义

编程时建议采用下述新类型名方式定义数据类型，建立一个datatype.h文件，在该文件中进行如下定义。

```
typedef bit BOOL;                   // 位变量
typedef unsigned char INT8U;        // 无符号 8 位整型变量
typedef signed char INT8S;          // 有符号 8 位整型变量
typedef unsigned int INT16U;        // 无符号 16 位整型变量
typedef signed int INT16S;          // 有符号 16 位整型变量
typedef unsigned long INT32U;       // 无符号 32 位整型变量
typedef signed long INT32S;         // 有符号 32 位整型变量
typedef float FP32;                 // 单精度浮点数(长度为 32 位)
typedef double FP64;                // 双精度浮点数(长度为 64 位)
```

4）标识符命名

（1）命名基本原则。

命名要清晰明了，有明确含义，使用完整单词或约定俗成的缩写。通常，较短的单词可通过去掉元音字母形成缩写；较长的单词可取单词的前几个字母形成缩写，以实现“见名知意”。命名风格自始至终要保持一致。命名中若使用特殊约定或缩写，要有注释说明。除了编译开关/头文件等特殊应用，应避免以下画线开始或结尾。

（2）宏和常量命名。

宏和常量全部用大写字母来命名，词与词之间用下画线分隔。对程序中用到的数字均应

用有意义的枚举或宏来代替。

（3）变量命名。

变量用小写字母命名，每个词的第一个字母大写。全局变量另加前缀 g_。局部循环体控制变量优先使用 i、j、k 等；局部长度变量优先使用 len、num 等；临时中间变量优先使用 temp、tmp 等。

（4）函数命名。

函数用小写字母命名，每个词的第一个字母大写，并将模块标识加在最前面。

（5）文件命名。

一个文件包含一类功能或一个模块的所有函数，文件名应清楚标明文件的功能或性质。每个.c 文件应该有一个同名的.h 文件作为头文件。

5）注释

（1）注释基本原则。

注释有助于提高程序的可读性，用于说明程序在“做什么”，解释程序的目的、功能和采用的方法。在一般情况下，源代码有效注释量在 30%左右。注释语言必须准确、易懂、简洁。边写程序，边注释，修改程序的同时修改相应注释，没用的注释要删除。

（2）文件注释。

文件注释必须说明文件名、函数功能、创建人、创建日期、版本信息等。

修改文件中的程序时，应在文件注释中记录修改日期、修改人员，并简要说明此次修改的目的。所有修改记录必须保存完整。文件注释放在文件顶端，用/*……*/格式括起来。

注释文本每行缩进 4 个空格；每个注释文本分项名称应对齐。

```
/************************************************************
文件名称：
作  者：
版  本：
说  明：
修改记录：
************************************************************/
```

（3）函数注释。

函数头部注释应包括函数名称、函数功能、入口参数、出口参数等内容。如有必要还可以增加作者、创建日期、修改记录（备注）等相关信息。

函数头部注释放在每个函数的顶端，用/*……*/格式括起来。其中，函数名称应简写为 FunctionName()，不加入口/出口参数等信息。

```
/************************************************************
函数名称：
函数功能：
入口参数：
出口参数：
备  注：
************************************************************/
```

程序注释应与被注释的程序紧邻，放在程序上方或右方，不可放在程序下方。若将注释

放在程序上方，则注释应与其上面的程序用空行隔开。在一般情况下，少量注释应该添加在被注释程序的行尾，一个函数内的多个注释左对齐；较多注释应放在程序上方，且注释行与被注释的程序应左对齐。函数程序的注释用“//”标志。分支语句（条件分支、循环语句等）必须编写注释。

（4）变量、常量、宏的注释。

同一类型的标识符应集中定义，并在定义的前一行对其共性加以统一注释。对单个标识符的注释应加在定义语句的行尾。

全局变量一定要有详细的注释。注释内容包括变量的功能、取值范围、哪些函数或过程存取该变量及存取该变量时的注意事项等。

6）函数

（1）设计原则。

- 正确性：程序要实现设计要求的功能。
- 稳定性和安全性：程序应运行稳定、可靠、安全。
- 可测试性：程序应便于测试和评价。
- 规范/可读性：程序书写风格、命名规则等应符合规范。
- 扩展性：程序应为下一次升级扩展预留空间和接口。
- 全局效率：软件系统的整体应具有高效率。
- 局部效率：某个模块/子模块/函数的本身应具有高效率。
- 函数名应能准确描述函数的功能。
- 函数的返回值要清楚明了，尤其是出错返回值的意义要准确无误。
- 尽量不要将函数的参数作为工作变量。

（2）函数定义。

- 函数若没有入口参数或出口参数，应用 void 声明。
- 函数的形参必须给出明确的类型定义。
- 函数体的前后花括号“{ }”独占一行。

（3）功能程序规范。

- 一行只写一条语句。
- 注意运算符的优先级，并用括号明确表达式的操作顺序，避免使用默认优先级。
- 不要使用难懂的、技巧性很高的语句。

7）排版

（1）缩进。

代码的每一级均往右缩进 4 个空格的位置。

（2）空行。

文件注释区、头文件引用区、函数间均应该有且只有一行空行。

函数体内相对独立的程序块之间可以用一行空行或注释来分隔。

（3）花括号。

if、else if、else、for、while 语句的执行体无论是一条语句还是多条语句都必须加花括号，且前、后花括号各独占一行。在 do{}while()结构中，do 和“{”各占一行，“}”和 while()共

同占用一行。

```
if ( )
{
    //……
}
else
{
    //……
}
/*****************************/
do
{
    //……
}while( );
```

（4）switch 语句。

每个 case 和其判据条件独占一行。每个 case 程序块需要用 break 结束。每个 case 程序块的执行语句应保持 4 个空格的缩进。在一般情况下，每个 switch 语句中都包含一个 default 分支。

```
switch ( )
{
  case x:
    break;
  case x:
    break;
  default:
    break;
}
```

8）程序结构

（1）基本要求。

有 main()函数的.c 文件应将 main()放在最前面，并用 void 声明参数和返回值。

对由多个.c 文件组成的模块程序或完整程序，建立公共引用头文件，并将需要引用的库头文件、标准寄存器定义头文件、自定义的头文件、全局变量等均包含在内，供每个文件引用。通常，标准函数库头文件采用尖角号<>标志文件名，自定义头文件采用双引号""标志文件名。

每个.c 文件有一个对应的.h 文件，在.c 文件的注释后先定义一个唯一的文件标志宏，并在对应的.h 文件中解析该标志。

.c 文件中的文件标志宏如下。

```
#define FILE_FLAG
```

.h 文件中的文件标志宏如下。

```
#ifdef FILE_FLAG
#define XXX
#else
#define XXX extern
#endif
```

确定只被某个.c 文件调用的定义可以单独列在一个头文件中，单独调用。

（2）可重入函数。

可重入函数中若使用了全局变量，应通过关中断、信号量等操作手段对其进行保护。

（3）函数的形参。

由函数调用者负责检查形参的合法性，尽量避免将形参作为工作变量使用。

对于上面描述的编程规范，初次接触的读者可能会觉得非常琐碎，且与编程的技术无关。其实，这些规范就如同本书的编排一样。本书的内容与编排无关，合理地编排文字、图片有利于读者阅读、理解本书内容。编程规范是一种程序的书写规范，程序员按照编程规范编写程序可显著提高程序的编写质量，降低程序维护成本。

2.1.3 Proteus 和 Keil 联调

在单片机学习和项目开发初期，使用 Proteus 进行程序仿真是非常不错的选择。本章先介绍 Proteus 与 Keil 的使用，然后讲解两者之间的联调方法。

安排这部分内容的目的是引导读者学会使用程序仿真软件。Proteus 适用于单片机初学者和“资深”用户，而单片机实验箱（开发板）适用于有一定单片机基础的读者。因为初学者需要尽可能简单的学习环境，以集中精力学习单片机，单片机“资深”用户往往侧重于设计构架，仿真软件能够满足这两类读者的需求。而具有一定单片机基础的读者应该多接触实际的电路环境，以便更加全面和深入地掌握单片机应用。

1. Proteus 的使用

Proteus 是一款单片机及其外围器件的仿真软件，可以仿真 51、AVR、PIC、STM32 等常用的单片机及其外围电路（如 LCD、RAM、ROM、键盘、电动机、LED、AD/DA、部分 SPI 器件、部分 IIC 器件等）。下面以 Proteus 8 版本为例，介绍该软件的基本使用步骤。

1）打开软件

启动 Proteus，出现如图 2.4 所示的启动界面，等待一段时间后进入 Proteus 集成环境。

图 2.4　Proteus 启动界面

2）工作界面

Proteus 的工作界面是标准的 Windows 界面，如图 2.5 所示，包括主菜单、标准工具栏、

预览窗口、绘图工具栏、对象选择按钮、对象选择器窗口、图形编辑窗口、仿真进程控制按钮、预览对象方位控制按钮、状态栏。

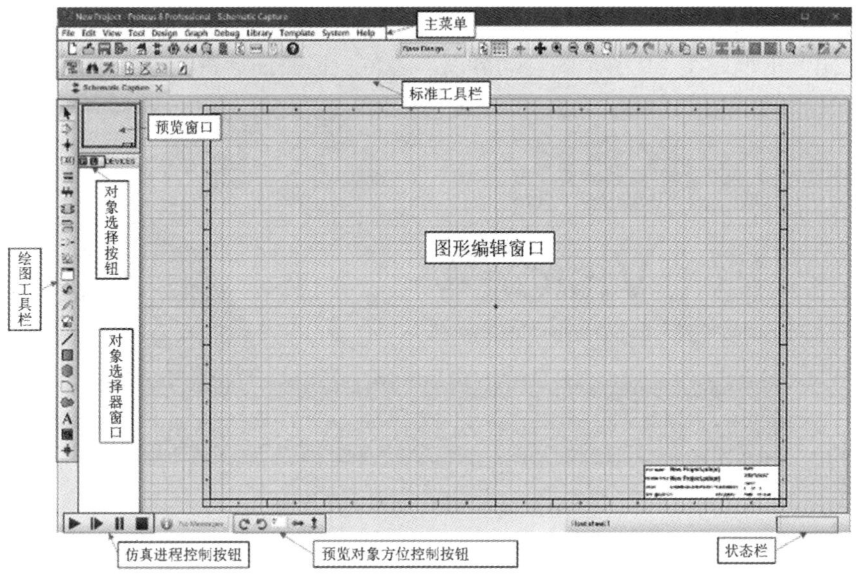

图 2.5　Proteus 的工作界面

在 Proteus 图形编辑窗口中画出一个流水灯仿真电路图，如图 2.6 所示，简单地显示 Proteus 基本电路应用。

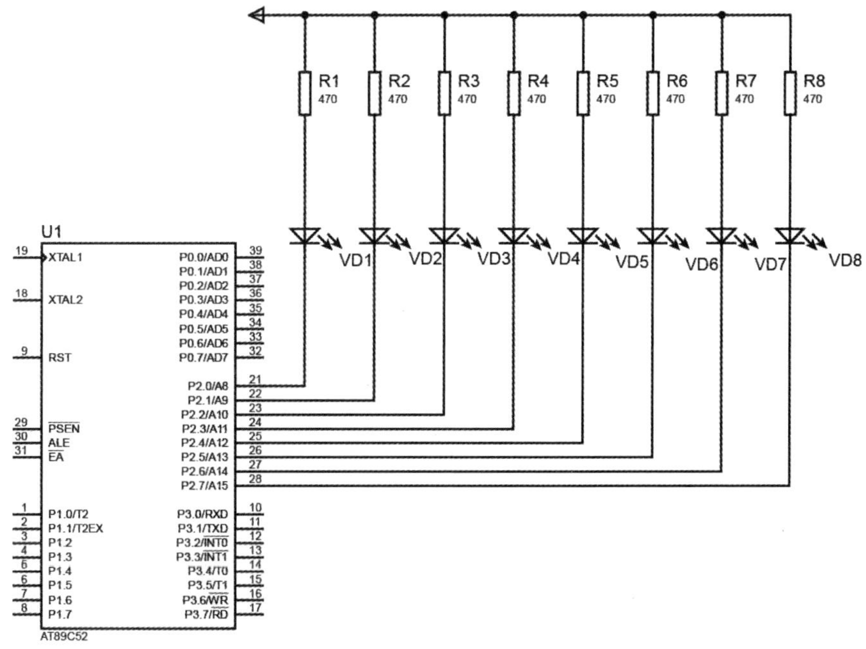

图 2.6　用 Proteus 绘制的流水灯仿真电路图

2. Keil 的使用

Keil 是 51 单片机兼容 C 语言软件的开发系统，提供了包括 C51 编译器、宏汇编、链接

器、库管理及一个功能强大的仿真调试器在内的完整开发方案，它通过一个集成开发环境（μVision）将这些部分组合在一起。下面以 Keil μVision 4 版本为例介绍 Keil 的使用步骤。

1）打开软件

启动 Keil，出现如图 2.7 所示的启动界面，等待一段时间后进入 Keil 集成环境。

图 2.7　Keil μVision 4 启动界面

2）工作界面

Keil μVision 4 的工作界面是标准的 Windows 界面，如图 2.8 所示，包括菜单栏、工具栏、程序窗口、项目窗口等。

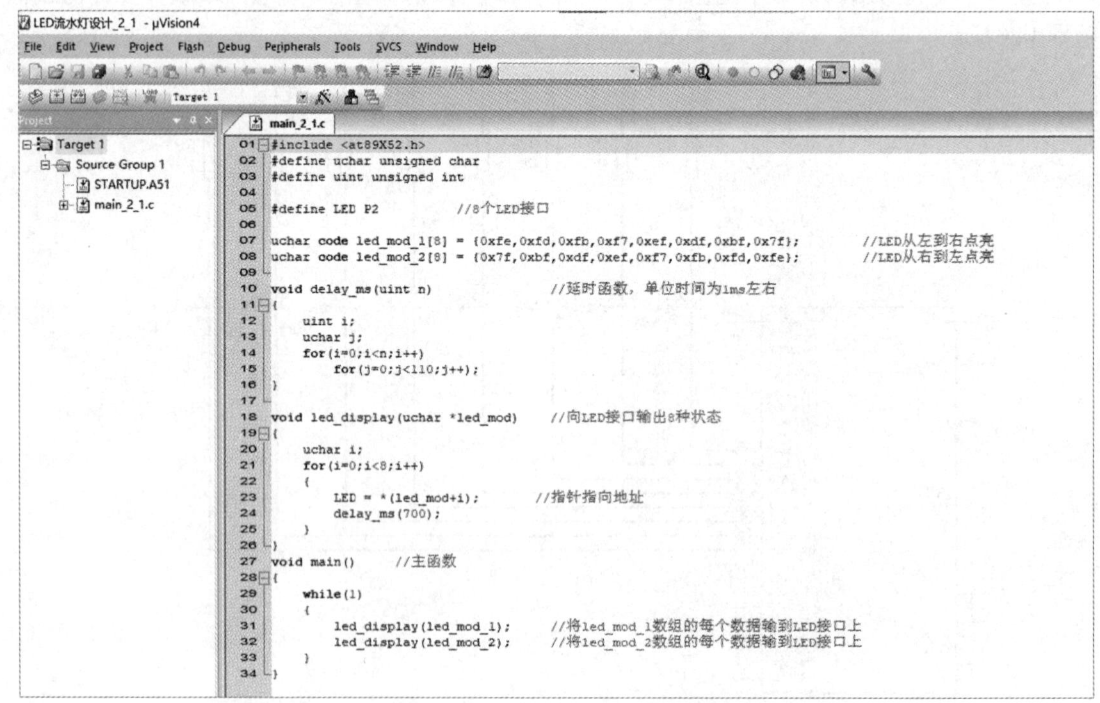

图 2.8　Keil μVision 4 的工作界面

3）流水灯实例程序设计示例

单击 Project 菜单，在弹出的菜单项中选择 New μVision Project 选项，如图 2.9 所示。

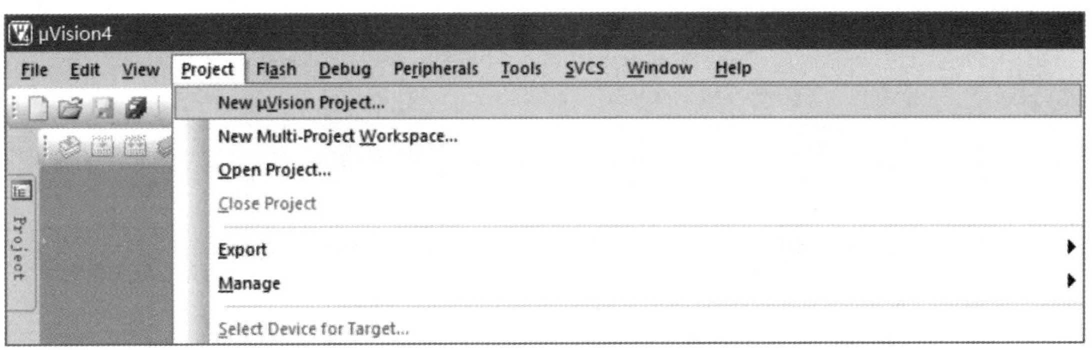

图 2.9　选择 New µVision Project 选项

选择文件要保存的路径，在“文件名”文本框中输入工程文件的名字。例如，将工程文件保存到“新建文件夹”目录中，文件的名字设置为“简单循环流水灯”，如图 2.10 所示。

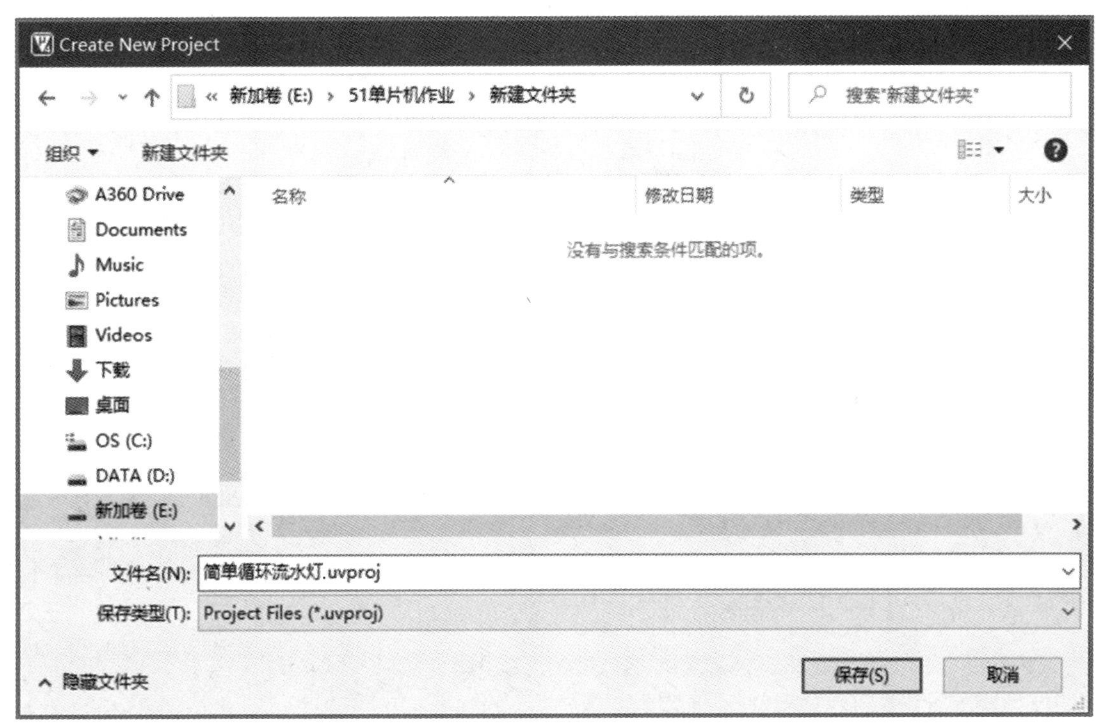

图 2.10　创建工程

单击“保存”按钮，弹出如图 2.11 所示的对话框，在该对话框中选择单片机的型号，根据使用的单片机来选择即可。Keil 几乎支持所有 52 核的单片机，由于 Proteus 选用 AT89C52 原理图，所以此处选中 AT89C52 选项。右侧区域中的内容是对所选单片机的基本的说明。单击 OK 按钮。

至此，就建立好了一个用来管理跑马灯项目的工程。除此之外，还需要建立相应的.c 文件或汇编文件。新建一个.c 文件并保存，如图 2.12 所示。

把刚才新建的 led.c 文件添加到工程中。打开 led.c 文件，输入源代码，如图 2.13 所示。

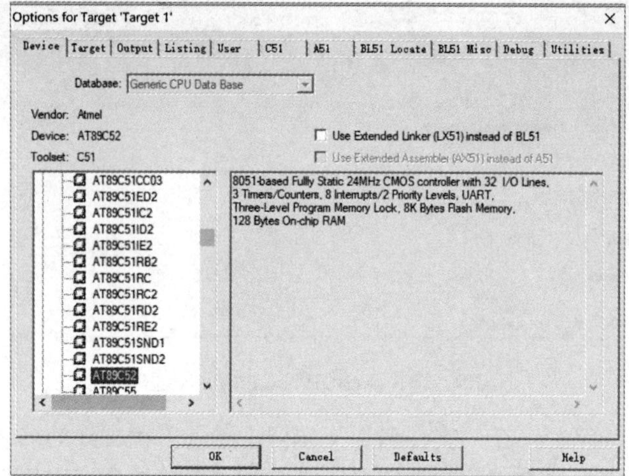

图 2.11　选择单片机的型号

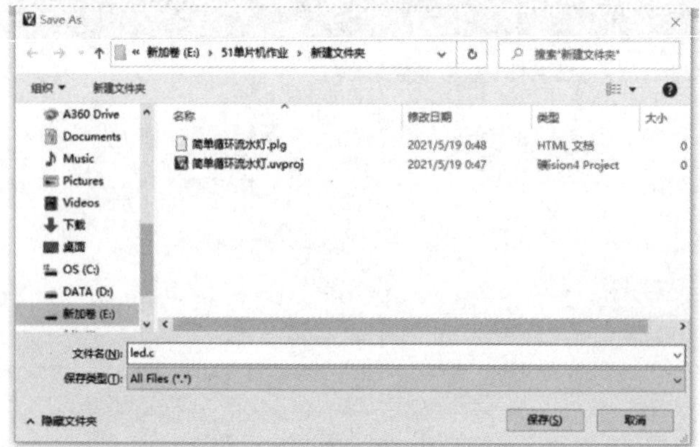

图 2.12　新建.c 文件并保存

```c
#include <at89X52.h>
#define uchar unsigned char
#define uint unsigned int

#define LED P2            //8个LED接口

uchar code led_mod_1[8] = {0xfe,0xfd,0xfb,0xf7,0xef,0xdf,0xbf,0x7f};     //LED从左到右点亮
uchar code led_mod_2[8] = {0x7f,0xbf,0xdf,0xef,0xf7,0xfb,0xfd,0xfe};     //LED从右到左点亮

void delay_ms(uint n)        //延时函数，单位时间为1ms左右
{
  uint i;
  uchar j;
  for(i=0;i<n;i++)
    for(j=0;j<110;j++);
}

void led_display(uchar *led_mod)  //向LED接口输出8种状态
{
  uchar i;
  for(i=0;i<8;i++)
  {
    LED = *(led_mod+i);          //指针指向地址
    delay_ms(700);
  }
}
void main()    //主函数
{
  while(1)
  {
    led_display(led_mod_1);    //将led_mod_1数组的每个数据输到LED接口上
    led_display(led_mod_2);    //将led_mod_2数组的每个数据输到LED接口上
  }
}
```

图 2.13　输入源代码

执行 Project→Options for Target 命令，弹出 Options for Target ‘Target 1’对话框，单击 Output 选项卡，勾选 Create HEX File 复选框，如图 2.14（a）所示，使程序编译后产生 HEX 程序，以便在 Proteus 里加载执行代码。单击 Target 选项卡，更改晶振频率（本例将晶振频率设为 12Hz），如图 2.14（b）所示。

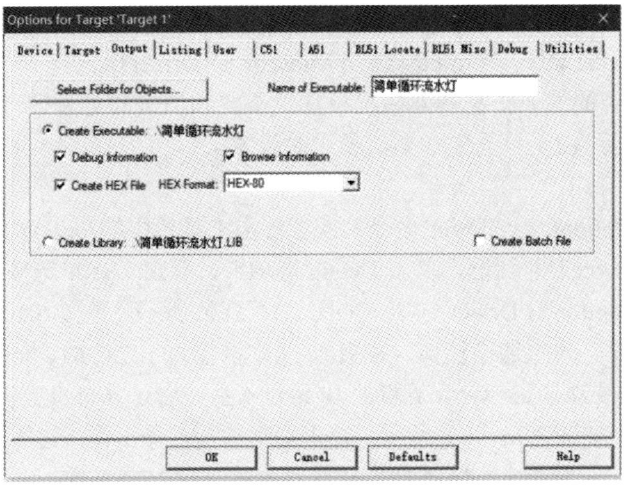

（a）

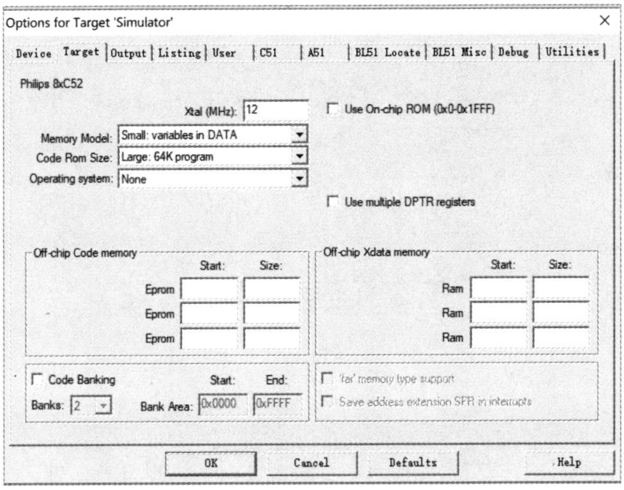

（b）

图 2.14　Output 选项卡和 Target 选项卡

单击 OK 按钮完成设置工作。

下面将讲解对工程的编译、链接及将其转换成可执行文件（.HEX 文件）。

依次单击如图 2.15 所示图标，如果没有语法错误，将生成可执行文件。本例可执行文件为“简单循环流水灯.hex”。

图 2.15　“编译”图标、“链接”图标、“生成可执行文件”图标

3．Proteus 和 Keil 的联调方法

步骤（1）假设 Keil 与 Proteus 安装在 D:\Program Files 目录中，把 D:\Program Files\Labcenter Electronics\Proteus 8 Professional\MODELS\VDM51.dll 复制到 D:\Program Files\keil C\C51\BIN 目录中，如果没有 VDM51.dll 文件，可在网上搜索下载。

步骤（2）用记事本打开 D:\Program Files\keil C\C51\TOOLS.INI 文件，在 C51 栏目下加入 TDRV5=BIN\VDM51.DLL ("Proteus VSM Monitor-51 Driver")。

其中，TDRV5 中的 5 要根据实际情况设置，不要和原来的重复即可。

步骤（1）和步骤（2）只需要在初次使用时设置。

步骤（3）设置 Keil。

执行 Project→Options for Target 命令，或者单击工具栏中的 option for target 按钮，弹出 Options for Target ‘Target 1’对话框，单击 Debug 选项卡，单击 Use 单选按钮，在其下拉列表中选择 Proteus VSM Monitor-51 Driver 选项，如图 2.16（a）所示。单击 Setting 按钮，弹出 VDM 51 Target Setup 对话框。设置通信接口，在 Host 文本框输入 127.0.0.1，如果使用的不是同一台计算机，在这里就需要添加另一台计算机的 IP 地址（另一台计算机也应安装 Proteus）。在 Port 文本框中输入 8000，如图 2.16（b）所示。单击 OK 按钮编译工程，进入调试状态并运行。

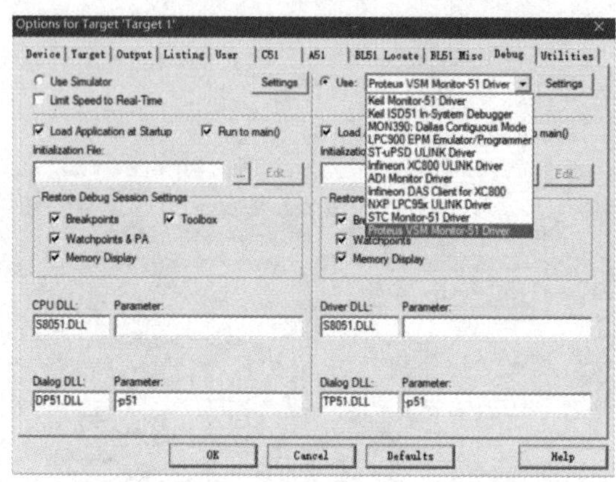

（a）

（b）

图 2.16　Keil μVision4 选项设置

步骤（4）Proteus 的设置。

进入 Proteus，执行 Debug→Enable Remote Debug Monitor 命令，如图 2.17 所示。此后，便可实现 Keil 与 Proteus 连接调试。

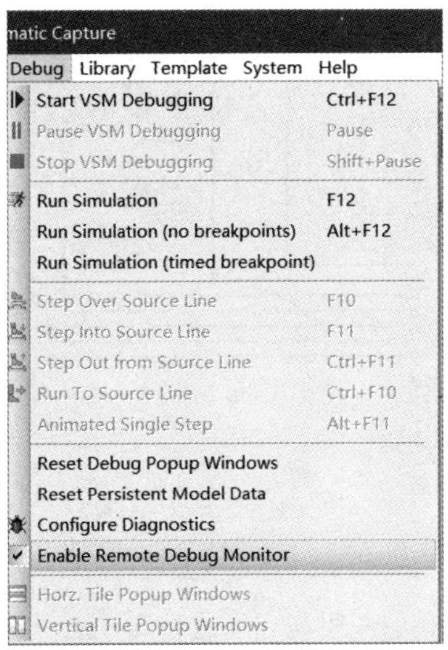

图 2.17　执行 Debug→Remote Debug Monitor 命令

步骤（5）在 Proteus 里加载可执行文件。

双击图 2.18（a）中的 AT89C52 单片机，弹出如图 2.18（b）所示的对话框，将 Program File 设置为由 Keil 编译生成的扩展名为.hex 的可执行文件。

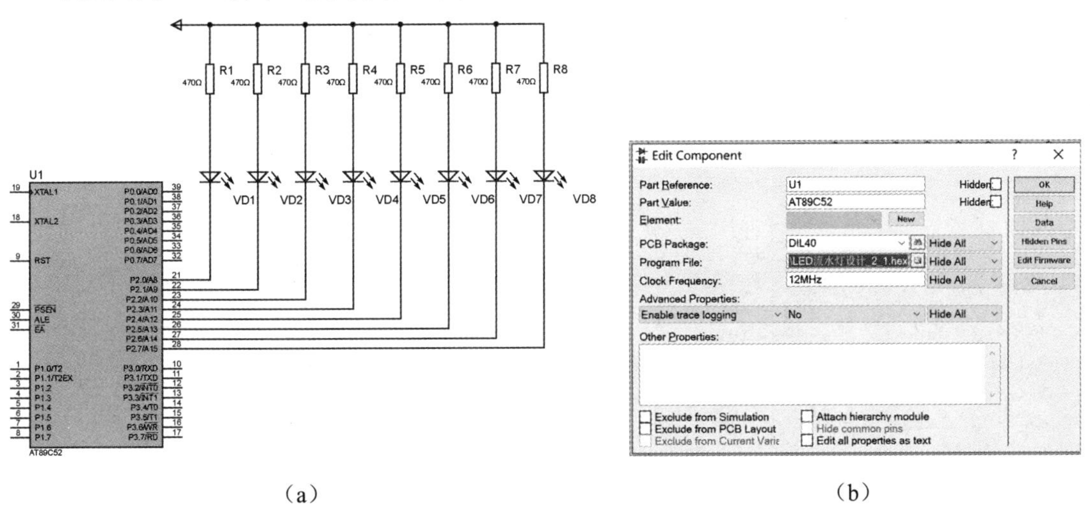

（a）　　　　　　　　　　　　（b）

图 2.18　选择加载可执行文件

步骤（6）Keil C 与 Proteus 连接仿真调试。

单击仿真运行开始按钮 Start VSM Debugging，如图 2.17 所示，能清楚地观察到每一个引脚的电平变化，红色代表高电平，蓝色代表低电平，仿真运行效果如图 2.19 所示（本书黑白印刷无法区分颜色）。

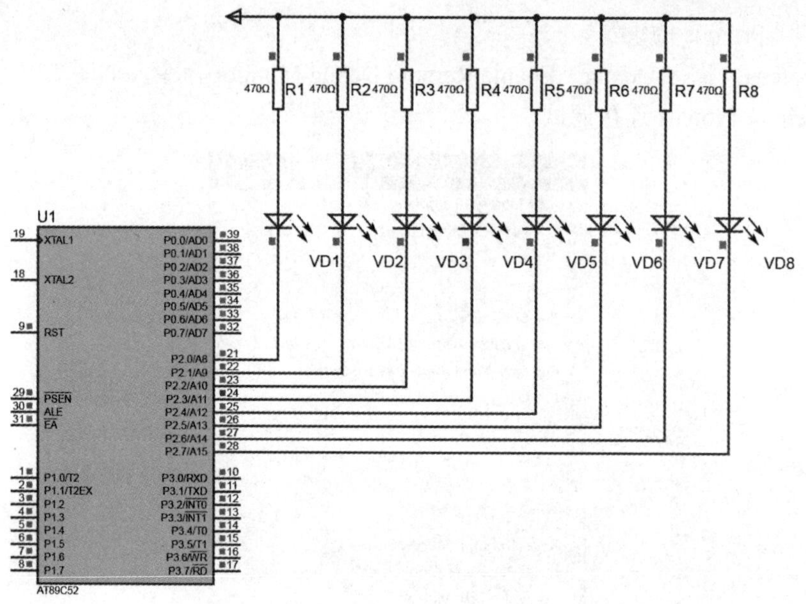

图 2.19　仿真运行效果

上面介绍了 Proteus 和 Keil 的应用与它们的联调方法，本书中的大部分项目在仿真调试阶段采用了 Proteus 与 Keil 联调的仿真方式，希望读者能够熟练掌握这种方式，以达到事半功倍的效果。

➢ 设计步骤

本部分将根据任务 2.1 的功能进行设计。下面是任务 2.1 设计的范例，包括电路原理图（见图 2.20）、Proteus 仿真电路图（见图 2.21）、程序流程图（见图 2.22）及源代码，供读者参考。

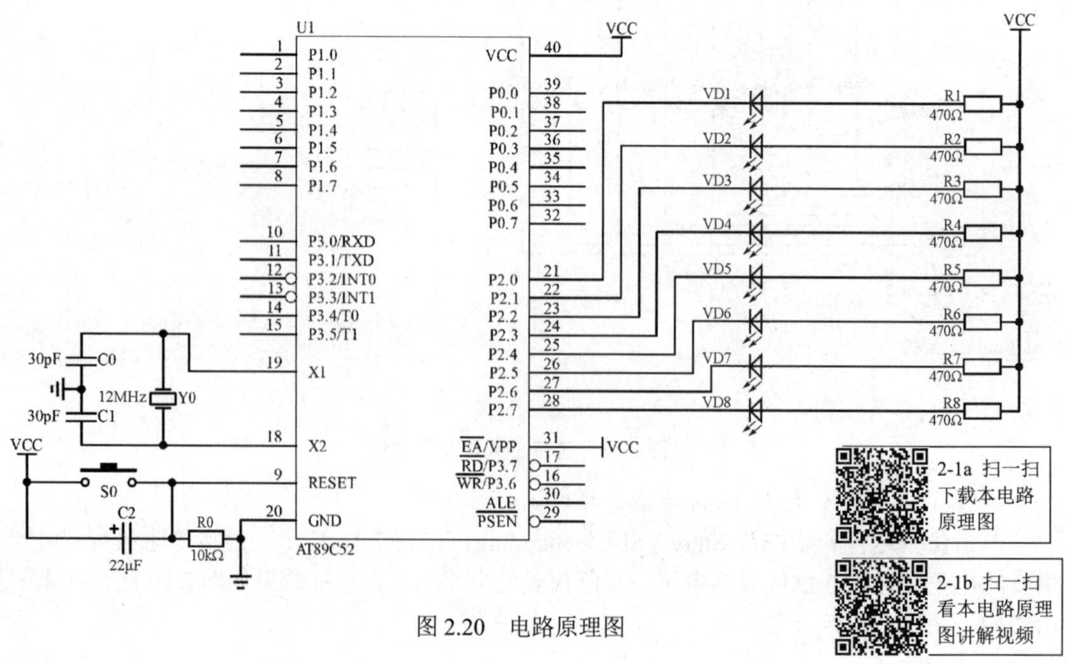

图 2.20　电路原理图

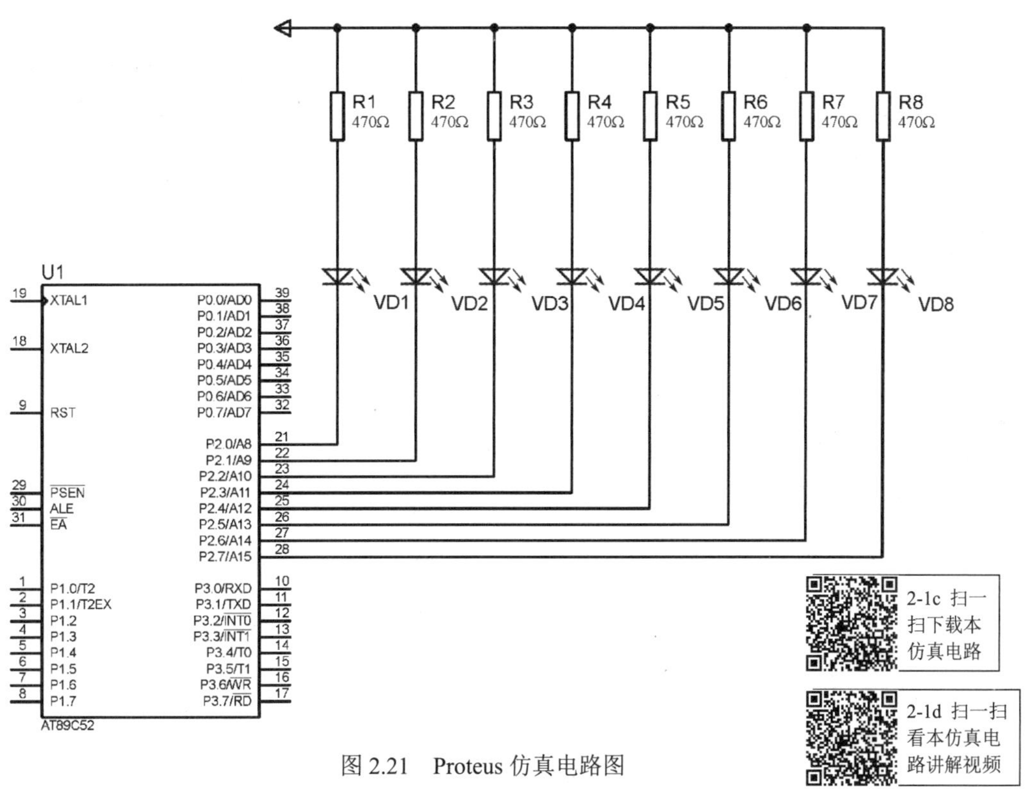

2-1c 扫一扫下载本仿真电路

2-1d 扫一扫看本仿真电路讲解视频

图 2.21　Proteus 仿真电路图

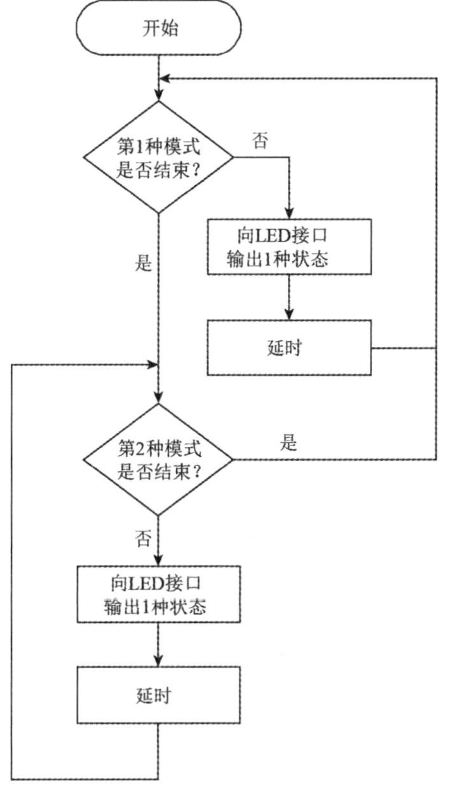

图 2.22　程序流程图

源代码如下。

2-1e 扫一扫下载本程序源代码

```
#include <at89X52.h>
#define uchar unsigned char
#define uint unsigned int
#define LED P2                          //8 个 LED 接口
//LED 从左到右点亮
uchar code led_mod_1[8] = {0xfe,0xfd,0xfb,0xf7,0xef,0xdf,0xbf,0x7f};
//LED 从右到左点亮
uchar code led_mod_2[8] = {0x7f,0xbf,0xdf,0xef,0xf7,0xfb,0xfd,0xfe};
void delay_ms(uint n)                   //延时函数，单位时间为 1ms 左右
{
    uint i;
    uchar j;
    for(i=0;i<n;i++)
        for(j=0;j<110;j++);
}

void led_display(uchar *led_mod)        //向 LED 接口输出 8 种状态
{
    uchar i;
    for(i=0;i<8;i++)
    {
        LED = *(led_mod+i);             //指针指向地址
        delay_ms(700);
    }
}
void main()                             //主函数
{
    while(1)
{
        led_display(led_mod_1); //将 led_mod_1 数组中的每个数据传输到 LED 接口上
        led_display(led_mod_2); //将 led_mod_2 数组中的每个数据传输到 LED 接口上
    }
}
```

➢ 应用测试

本任务完成后，需要对设计结果进行测试。测试方法如项目 1 描述的那样，先进行功能测试，然后进行性能测试。本任务可以测试的点如下。

（1）能否达到预定的设计要求？（可以达到）

（2）电阻阻值是否合理？（可参考 2.1.1 节中的相关内容）

（3）实际电路的 LED 是否有亮度不一致问题？（可能会有，与 LED 有关）

在做完这个任务后，读者也许觉得任务非常简单。事实上，即使是这样一个简单的任务，作者团队也修改了 3 遍，电路原理图、仿真电路图、程序流程图、源代码都是一改再改。无论多么简单的事情，要想做得好都需要付出巨大的努力。

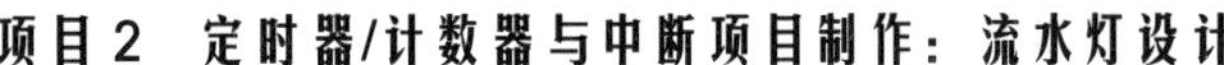

任务 2.2　键控花样流水灯

➢ 任务介绍

键控花样流水灯是在简单循环流水灯的基础上进行改进的，增加了如下需求。

（1）该项目有 8 个 LED，2 个按键。

（2）该项目有 3 种流水灯花样。

（3）该项目能够控制花样切换。

根据上述需求描述可知该项目具有如下功能。

（1）简单人机交互接口：按键输入、LED 亮灭。

（2）简单的灯光效果：有 3 种流水灯花样。

（3）简单的效果切换：按键可以切换流水灯花样。

由上述需求可知，该项目有 8 个 LED、2 个按键、3 种流水灯花样，并能够控制流水灯花样。上述功能描述不足以支持项目设计的进行，因为开发者无法清晰确定如何控制流水灯花样切换，3 种流水灯花样是什么，2 个按键用来干什么，等等。建议读者在阅读下面的示例设计前先自行设定具体功能，并尝试完成。

下面是针对本任务的设计实例。读者先阅读电路原理图，弄明白示例的电路资源；然后阅读程序流程图，分析示例界定任务功能的方法；最后边分析代码边执行仿真程序，观察执行效果。

➢ 设计步骤

（1）电路原理图（见图 2.23）。

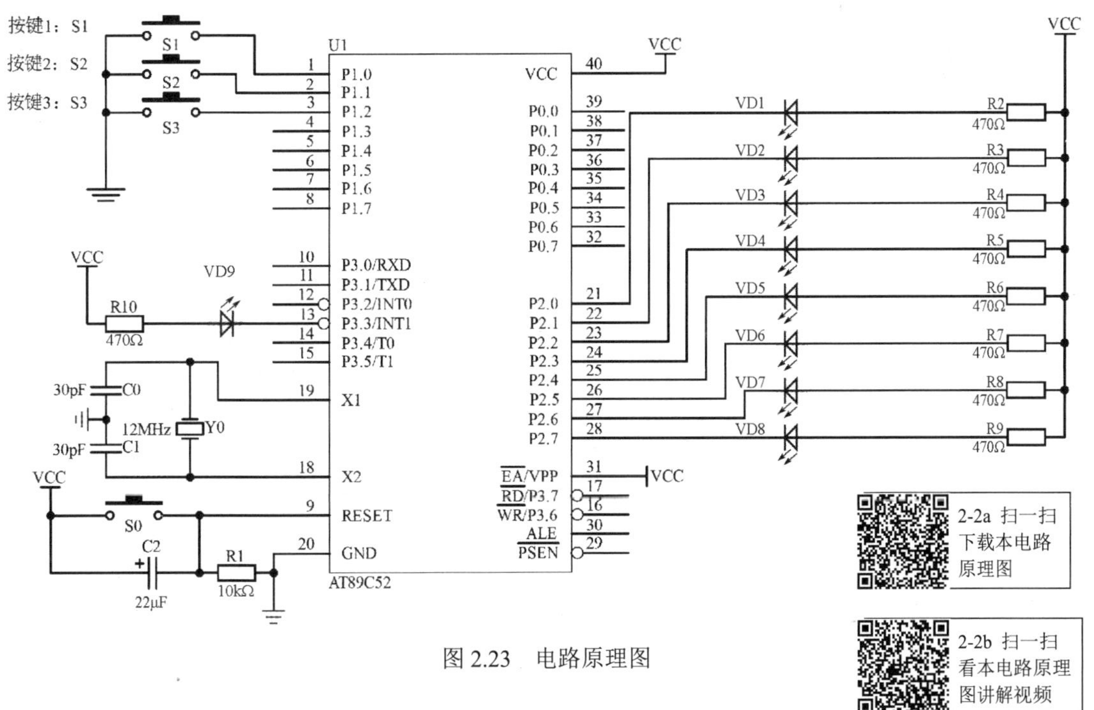

图 2.23　电路原理图

（2）仿真电路图（见图2.24）。

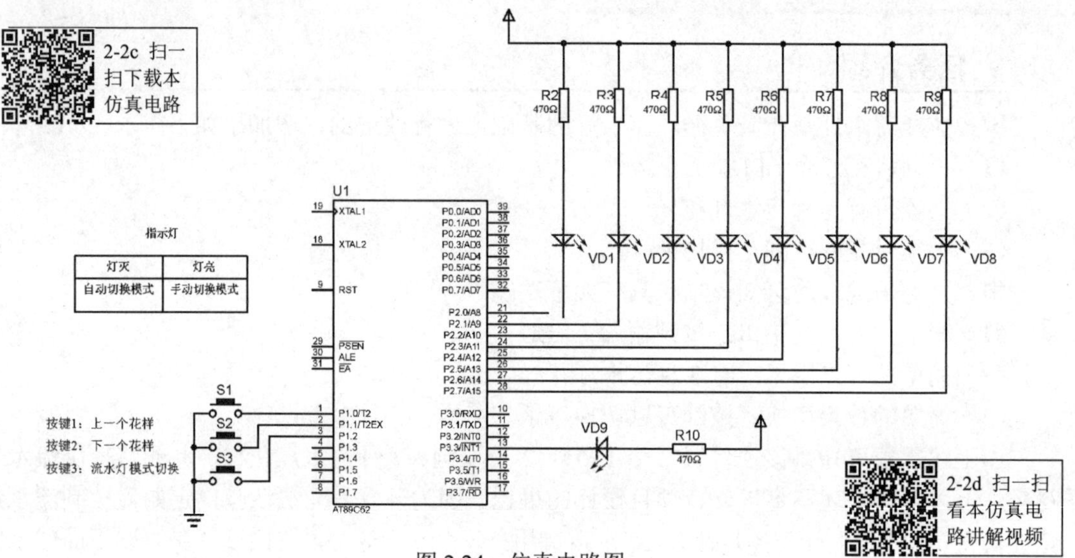

图2.24　仿真电路图

（3）程序流程图（见图2.25）。

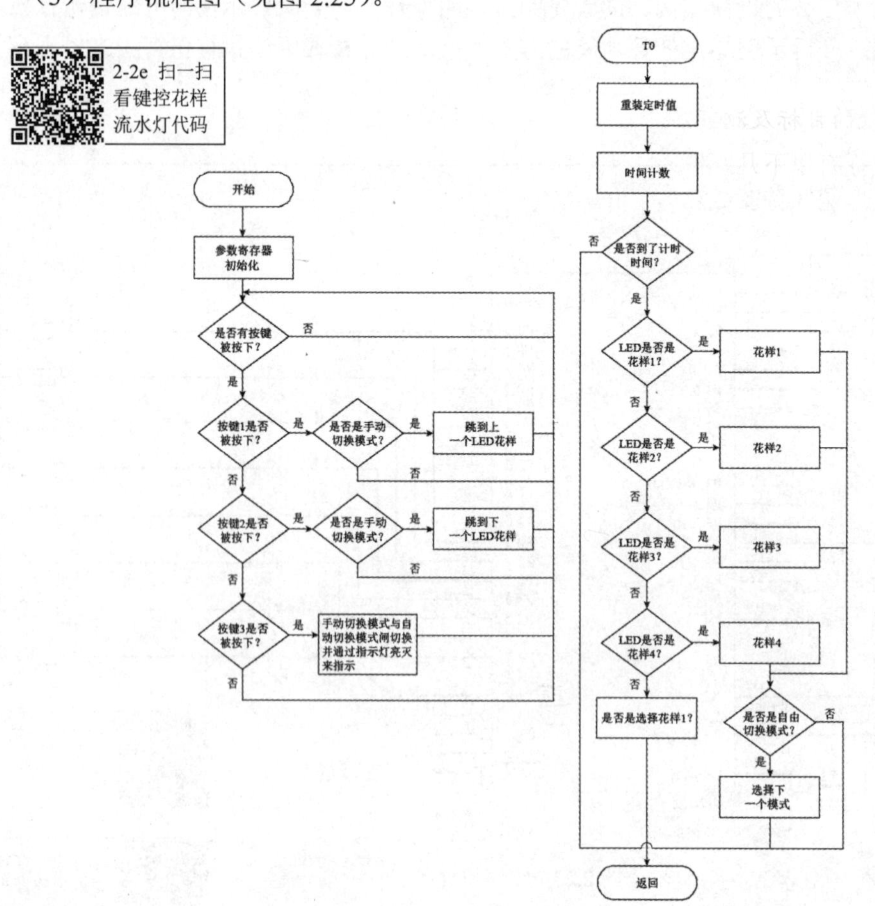

图2.25　程序流程图

（4）源代码请扫二维码下载后阅览。

➢ 应用测试

本任务的测试重点是按键的操作效果，可参阅任务 1.2 的应用测试进行测试。

➢ 技能拓展

1）项目测试内容

项目测试是将已经确认的软件、计算机硬件、外围设备、网络等元素结合在一起，进行各种组装测试和确认测试。项目测试是针对整个产品系统进行的测试，目的是验证系统是否满足需求规格的定义，找出与需求规格不符或与之矛盾的地方，从而提出更加完善的方案。在项目测试中发现问题后要经过调试找出问题原因和问题位置，并进行改正。项目测试包括以下几方面。

（1）功能测试：测试系统的功能是否正确，其依据是需求文档，如《产品需求规格说明书》。由于正确性是软件最重要的质量因素，所以功能测试必不可少。

（2）健壮性测试：测试系统在异常情况下的正常运行的能力。健壮性有两层含义——一是容错能力，二是恢复能力。

（3）性能测试：测试软件系统处理事务的速度，以便检验性能是否符合需求，并得到某些性能数据供人们参考（如用于宣传）。

（4）用户界面测试（人机交互接口测试）：重点测试系统的易用性和视觉效果等。

2）项目测试的目标及测试方针

（1）测试目标有以下几点。

- 确保项目测试活动是按计划进行的。
- 验证产品是否与系统需求相符。
- 建立完善的项目测试缺陷记录跟踪库。
- 确保项目测试活动及其结果，并及时通知相关开发人员。

（2）测试方针包括如下几点。

- 为项目指定一个测试工程师，该工程师负责贯彻和执行项目测试活动。
- 测试组向团队报告项目测试活动的执行状况。
- 项目测试活动遵循文档化的标准和过程。
- 向外部用户提供经项目测试验收通过的预部署及技术支持。
- 建立相应的项目缺陷记录跟踪库，记录项目测试阶段项目不同生命周期的缺陷和跟踪缺陷状态。

（6）定期对项目测试活动及结果进行评估。

3）系统测试步骤

（1）制订项目测试计划。

项目测试小组各成员协商测试计划。测试组长按照指定的模板起草《项目测试计划书》。该计划主要包括以下几方面。

- 测试范围（内容）。
- 测试方法。

- 测试环境与辅助工具。
- 测试完成准则。
- 人员与任务表。
- 审批《项目测试计划》。

（2）设计《项目测试用例》。

项目测试小组各成员依据《项目测试计划书》和指定的模板，设计（撰写）《项目测试用例》。测试组长邀请开发人员等对《项目测试用例》进行技术评审。

（3）执行项目测试。

项目测试小组各成员依据《项目测试计划书》和《项目测试用例》进行项目测试活动。将测试结果记录在《项目测试报告》中，用缺陷管理工具管理发现的缺陷，并及时通报给开发人员。

（4）缺陷管理与改错。

任何人发现系统中的缺陷都必须使用指定的缺陷管理工具。该管理工具将记录所有缺陷的状态信息，并自动产生《缺陷管理报告》。

开发人员应及时消除已经发现的缺陷，并在消除缺陷后马上进行回归测试，以确保没有引入新的缺陷。

任务 2.3　键控变速流水灯

➢ 任务介绍

本书中的大多数项目包含简单任务、复杂任务和创新任务三个层次。我们鼓励读者在完成预先设定的任务功能后继续进行创新设计，自己构思和设计想要的功能。书中所给的项目创新任务设计的要求有一定难度，这并不代表实际设计中的创新一定是高难度的。单片机项目设计的创新主要体现在创新的构思和设计方面。

本任务属于创新设计，提出了一系列创新要求，具体体现在键控花样流水灯基础方面。本任务的需求如下。

（1）速度调节功能：能够利用按键调节流水灯的速度。

（2）暂停/继续功能：能够控制流水灯工作暂停/继续。

（3）开始/停止功能：能够控制流水灯工作开始/停止。

（4）花样切换功能：能够控制花样切换。

根据上述需求描述可知该项目具有如下功能。

（1）简单人机交互接口：按键输入、流水灯输出。

（2）简单的按键控制：按键控制流水灯的速度、暂停/继续、开始/停止、花样切换功能。

其中，暂停/继续的设计是流水灯项目的创新。读者既可以选择自己独立完成，也可以跟着本书的思路看下去。

➢ 设计步骤

（1）电路原理图（见图 2.26）。

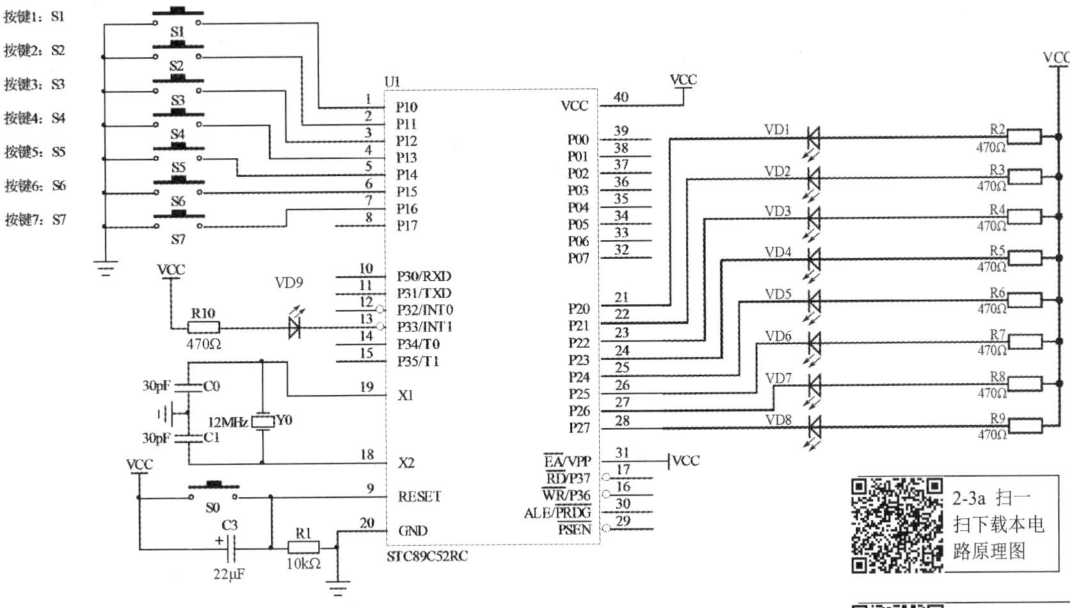

2-3a 扫一扫下载本电路原理图

图 2.26　电路原理图

2-3b 扫一扫看本电路原理图讲解视频

（2）仿真电路图（见图 2.27）。

2-3c 扫一扫下载本仿真电路

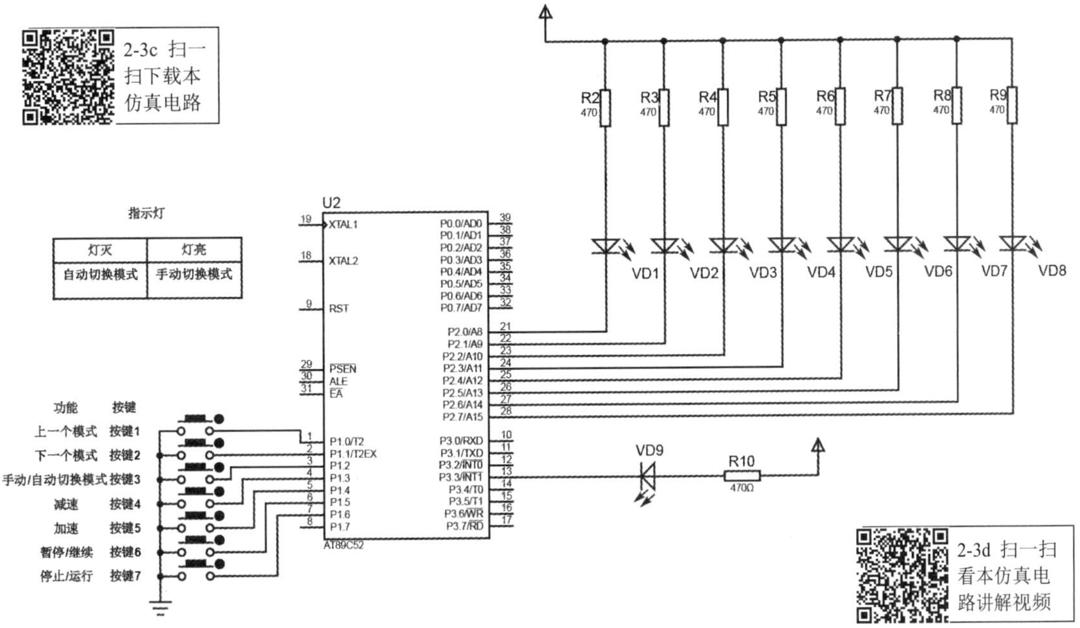

灯灭	灯亮
自动切换模式	手动切换模式

2-3d 扫一扫看本仿真电路讲解视频

图 2.27　仿真电路图

（3）程序流程图（见图 2.28）。

（4）源代码请扫二维码下载后阅览。

➢ 应用测试

本任务的测试要注意流水灯的花样设计和控制效果。

流水灯的花样设计是否多样、是否合理、是否有创意是测试的重点。花样主要通过变化

速度和变化方式组合实现，甚至通过控制 LED 的亮度变化实现新的流水灯花样（可以通过 PWM 实现 LED 的亮度渐变效果）。

流水灯的控制效果体现在能否合理、有效地控制流水灯开始、停止、暂停、继续和花样切换与速度变化上。良好的按键控制能够提升流水灯的操作体验感。

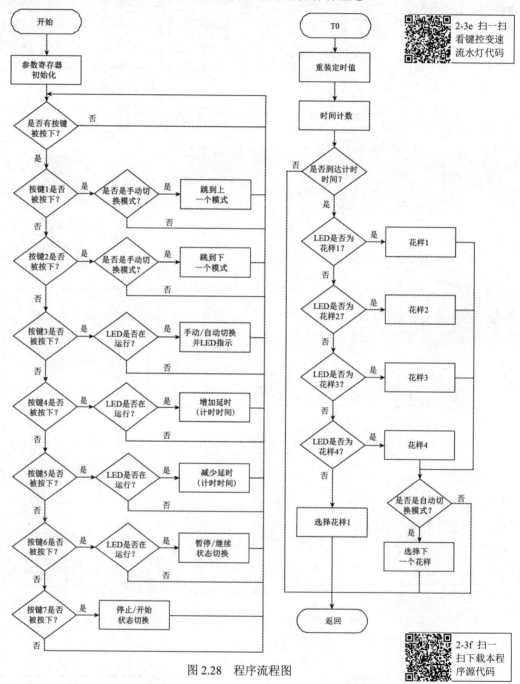

2-3e 扫一扫看键控变速流水灯代码

开始
参数寄存器初始化
是否有按键被按下？ 否 是
按键1是否被按下？ 是 是否是手动切换模式？ 是 跳到上一个模式 否
按键2是否被按下？ 是 是否是手动切换模式？ 是 跳到下一个模式 否
按键3是否被按下？ 是 LED是否在运行？ 是 手动/自动切换并LED指示 否
按键4是否被按下？ 是 LED是否在运行？ 是 增加延时（计时时间） 否
按键5是否被按下？ 是 LED是否在运行？ 是 减少延时（计时时间） 否
按键6是否被按下？ 是 LED是否在运行？ 是 暂停/继续状态切换 否
按键7是否被按下？ 是 停止/开始状态切换 否

T0
重装定时值
时间计数
是否到达计时时间？ 否 是
LED是否为花样1？ 是 花样1 否
LED是否为花样2？ 是 花样2 否
LED是否为花样3？ 是 花样3 否
LED是否为花样4？ 是 花样4 否
选择花样1
是否是自动切换模式？ 否 是
选择下一个花样
返回

图 2.28 程序流程图

2-3f 扫一扫下载本程序源代码

项目3

液晶显示器与点阵屏项目制作：广告灯与万年历设计

项目 1 和项目 2 属于入门级项目，侧重于介绍单片机内部的资源使用。从本项目开始，将增加学习内容，提高学习难度，引导读者更多关注单片机系统核心的外围设备控制。

本项目主要介绍单片机显示接口，在项目 1 和项目 2 涉及的按键功能基础上，增加了显示接口功能和基于单片机的人机交互功能。有了完整的人机接口模块，单片机的开发活动会变得更加有趣。

3-0 扫一扫看本项目教学课件

本项目介绍的显示接口包括常用的液晶显示器和点阵屏。本项目包括三个任务，分别是简单的字符显示、创意广告灯制作和电子万年历制作。

➢任务3.1：简单的字符显示

- 在LCD1602液晶显示器上显示一个英文单词，在16×16点阵屏上显示一个汉字。

➢任务3.2：创意广告灯制作

- 在16×16点阵屏上，滚动显示一组字符（汉字），自定义滚动方式。

➢任务3.3：电子万年历制作

- 在液晶显示器上显示时间和日期，能够通过按键设置时间和日期，能够掉电保存时间。

任务 3.1　简单的字符显示

➢ 任务介绍

液晶显示器是单片机系统的重要组成部分，属于人机接口之一。掌握液晶显示器应用是单片机开发的基本要求。本任务要求在 LCD1602 液晶器上显示一个英文单词和在 16×16 点阵屏上显示一个汉字。

围绕本任务的设计，先讲解 LCD1602 液晶显示器与点阵屏的相关知识以及 Keil 软件编译错误信息等扩展知识。

➢ 知识导入

3.1.1　LCD1602 液晶显示器

LCD1602 液晶显示器被广泛应用于电子产品，对于大多数单片机读者来说，掌握 LCD1602 液晶显示器应用是必须要经历的。下面简单介绍 LCD1602 液晶显示器相关知识及使用方法。

LCD1602 液晶显示器能够显示两行内容，每行 16 个字符。图 3.1 所示为 LCD1602 液晶显示器的正面。图 3.2 所示为 LCD1602 液晶显示器引脚图。

图 3.1　LCD1602 液晶显示器的正面

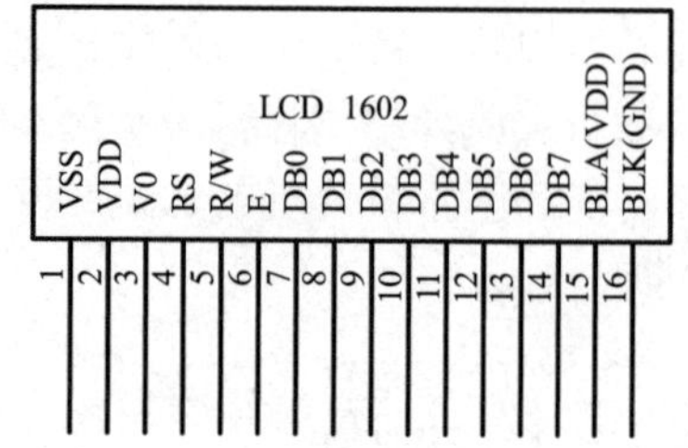

图 3.2　LCD1602 液晶显示器引脚图

LCD1602 液晶显示器通常有 14 个引脚或 16 个引脚[多出的 2 个引脚是背光电源线 VCC（15 引脚）和地线 GND（16 引脚）]，其引脚定义如表 3.1 所示。

表 3.1　LCD1602 液晶显示器引脚定义

引脚	符号	功能说明
引脚 1	VSS	一般接地
引脚 2	VDD	接电源（+5V）
引脚 3	V0	液晶显示器对比度调整端，在接正电源时对比度最弱，在接地时对比度最高（使用时可以通过一个 10kΩ 的电位器调整对比度）
引脚 4	RS	寄存器选择端，接高电平时选择数据寄存器，接低电平时选择指令寄存器
引脚 5	R/W	读写信号端，接高电平时进行读操作，接低电平时进行写操作
引脚 6	E	使能（Enable）端，下降沿使能
引脚 7	DB0	低 4 位三态、双向数据总线 0 位（最低位）
引脚 8	DB1	低 4 位三态、双向数据总线 1 位
引脚 9	DB2	低 4 位三态、双向数据总线 2 位

续表

引脚	符号	功能说明
引脚 10	DB3	低 4 位三态、双向数据总线 3 位
引脚 11	DB4	高 4 位三态、双向数据总线 4 位
引脚 12	DB5	高 4 位三态、双向数据总线 5 位
引脚 13	DB6	高 4 位三态、双向数据总线 6 位
引脚 14	DB7	高 4 位三态、双向数据总线 7 位（最高位）（也是忙信号）
引脚 15	BLA（VDD）	背光电源正极
引脚 16	BLK（GND）	背光电源负极

LCD1602 液晶显示器所用的控制芯片内置了 DDRAM、CGROM 和 CGRAM。其中，DDRAM 用来寄存显示的字符，共 80B。DDRAM 地址和 LCD1602 显示器的对应关系如表 3.2 所示。

表 3.2 DDRAM 地址和 LCD1602 显示器的对应关系

显示位置		1	2	3	4	5	6	7	8	9	10	11	12	13	14	15	16
DDRAM 地址	第一行	00H	01H	02H	03H	04H	05H	06H	07H	08H	09H	0AH	0BH	0CH	0DH	0EH	0FH
	第二行	40H	41H	42H	43H	44H	45H	46H	47H	48H	49H	4AH	4BH	4CH	4DH	4EH	4FH

例如，在 LCD1602 显示器的第 1 行第 1 列显示字符 A，只要向 DDRAM 的 00H 地址写入字符 A 的编码，具体需按 LCD1602 显示器模块的指令格式进行。由于 LCD1602 显示器每行只显示 16 个字符，因此只使用 DDRAM 的前 16 个地址。

事实上，往 DDRAM 的某地址处传输一个数据时，须在该地址上加上 80H。例如，若要在 DDRAM 的 01H 处显示数据，则必须将 01H 加上 80H 即 81H，以此类推。其原因可参考表 3.3 中的第 8 条设定 DDRAM 地址指令。

图 3.3 CGROM 中字符编码与字符字模的关系

LCD1602 液晶显示器模块内部的 CGROM 存储了 160 个不同的点阵字符图形，如图 3.3 所示。这些字符包括阿拉伯数字、大/小写英文字母、常用的符号和日文中的片假名等，每个字符都有一个固定的编码，如大写的英文字母 A 的编码是 01000001B（41H）。LCD1602 液晶显示器模块把地址 41H 中的点阵字符图形显示出来，就能看到字母 A。

图 3.3 中的字符编码与计算机中字符编码是一致的。因此，在向 DDRAM 写 C51 字符编码程序时直接用指令 P1='A'，编译器在编译时即可把 A 先转为 41H。

CGRAM 里面存放用户自定义的字符，字符编码 0x00～0x0F 为用户自定义的字符图形 RAM（5×8 点阵字符图形可以存放 8 组；5×10 点阵字符图形可以存放 4 组）。

下面讲解 LCD1602 液晶显示器的指令集，共 11 条指令，如表 3.3 所示。

表 3.3　LCD1602 液晶显示器的指令集

序号	指令	RS	R/W	D7	D6	D5	D4	D3	D2	D1	D0
1	清屏指令	0	0	0	0	0	0	0	0	0	1
2	光标归位指令	0	0	0	0	0	0	0	0	1	*
3	进入模式设置指令	0	0	0	0	0	0	0	1	I/D	S
4	显示开关控制指令	0	0	0	0	0	0	1	D	C	B
5	设定显示屏或光标移动方向指令	0	0	0	0	0	1	S/C	R/L	*	*
6	功能设定指令	0	0	0	0	1	DL	N	F	*	*
7	设定 CGRAM 地址指令	0	0	0	1	字符发生存储器地址					
8	设定 DDRAM 地址指令	0	0	1	显示数据存储器地址						
9	读取忙信号或 AC 地址指令	0	1	BF	计数器地址						
10	数据写入 DDRAM 或 CGRAM 指令	1	0	要写入的数据内容							
11	从 CGRAM 或 DDRAM 读出数据指令	1	1	要读取的数据内容							

（1）清屏指令功能如下。

- 清除液晶显示器，即将“空白”的 ASCII 码 20H 写入 DDRAM 的全部单元。
- 光标归位，即将光标撤回液晶显示器的左上方。
- 将地址计数器（AC）的值设为 0。

（2）光标归位指令功能如下。

- 把光标撤回到液晶显示器的左上方。
- 把地址计数器（AC）的值设置为 0;
- 保持 DDRAM 的内容不变。

（3）进入模式设置指令功能如下。

- 设定每次写入 1 位数据后光标的移位方向。
- 设定每次写入的一个字符是否移动，具体如表 3.4 所示。

表 3.4　数据写入后光标状态设置

位名	设置	
I/D	I/D=0 表示写入新数据后光标左移	I/D=1 表示写入新数据后光标右移
S	S=0 表示写入新数据后显示器上的画面不移动	S=1 表示写入新数据后显示器上的画面整体右移 1 个字符

（4）显示开关控制指令的功能如下。

- 控制显示器开/关、光标有/无，以及光标是否闪烁，具体如表 3.5 所示。

表 3.5　显示器控制及光标闪烁设置

位名	设置	
D	D=0 表示显示功能关闭	D=1 表示显示功能开
C	C=0 表示无光标	C=1 表示有光标
B	B=0 表示光标闪烁	B=1 表示光标不闪烁

（5）设定显示器中的内容或光标移动方向指令功能如下。

- 使光标移位或使整个显示器中的内容移位，具体如表 3.6 所示。

表 3.6　光标与字符移位设置

S/C	R/L	设定情况
S/C=0	R/L=0	光标左移 1 格，且 AC 值减 1
S/C=0	R/L=1	光标右移 1 格，且 AC 值加 1
S/C=1	R/L=0	显示器中的内容全部左移一格，但光标不动
S/C=1	R/L=1	显示器中的内容全部右移一格，但光标不动

（6）功能设定指令功能如下。

- 设定数据总线位数、显示内容的行数及字型，具体如表 3.7 所示。

表 3.7　数据总线位数、显示内容行数及字型设置

位名	设置
DL	DL=0 表示数据总线为 4 位；DL=1 表示数据总线为 8 位
N	N=0 表示显示 1 行内容；N=1 表示显示 2 行内容
F	F=0 表示 5×7 点阵/每字符；F=1 表示 5×10 点阵/每字符

（7）设定 CGRAM 地址指令功能如下。

- 设定下一个要存入数据的 CGRAM 地址。

（8）设定 DDRAM 地址指令功能如下。

- 设定下一个要存入数据的 DDRAM 地址。

注意：这里输送地址应该是 80H+地址，这也是上文提到的写地址命令要加上 80H 的原因。

（9）读取忙信号或 AC 地址指令功能如下。

- 读取忙信号 BF 的内容，BF=1 表示液晶显示器忙，暂时无法接收单片机送来的数据或指令；BF=0 表示液晶显示器可以接收单片机送来的数据或指令。
- 读取地址计数器（AC）的内容。

（10）数据写入 DDRAM 或 CGRAM 指令功能如下。

- 将字符码写入 DDRAM，使液晶显示器显示对应字符。
- 将使用者自己设计的图形存入 CGRAM。

（11）从 CGRAM 或 DDRAM 读出数据的指令功能如下。

- 读取 DDRAM 或 CGRAM 中的内容。

基本操作时序如表 3.8 所示。

表 3.8　基本操作时序

读状态	输入：RS=L，R/W=H，E=H
	输出：D0～D7=状态字
写指令	输入：RS=L，R/W=L，E=下降沿脉冲，D0～D7=指令码
	输出：无
读数据	输入：RS=H，RW=H，E=H

续表

读数据	输出：D0～D7=数据
写数据	输入：RS=H，RW=L，E=下降沿脉冲，D0～D7=数据
	输出：无

3.1.2 8×8 点阵屏介绍

常见LED点阵屏有4×4、4×8、5×7、5×8、8×8、16×16等多种规格，根据像素可分为单色点阵屏、双基色点阵屏、三基色点阵屏等。单色点阵屏只能显示固定色彩，如红色、绿色、黄色等单色；双基色点阵屏和三基色点阵屏显示的内容的颜色由像素内不同颜色的LED的点亮组合方式决定，如红色LED和绿色LED都亮时显示的内容为黄色。

图3.4所示为常见的8×8单色LED点阵屏的外形图和内部电路结构。

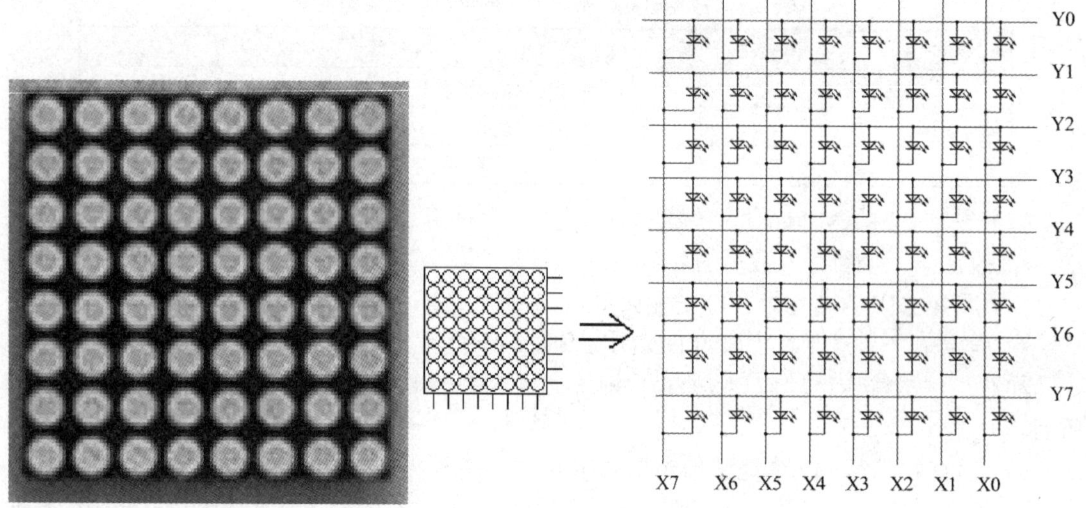

图3.4 常见的8×8单色LED点阵屏的外形图和内部电路结构

LED点阵屏的显示方式分为静态显示和动态显示两种。静态显示的工作原理简单、控制方便，但硬件接线复杂。动态显示的工作原理较复杂，但硬件接线简单。下面主要讲解动态显示。

动态显示利用了人眼的视觉暂留特性，将连续的几帧画面高速地循环显示，只要帧速率高于24帧/s，人眼看起来就是一个完整的、相对连续的画面，最典型的例子就是电影放映机。在电子领域中，动态显示由于极大地缩减了发光单元的信号线数量，因此在LED显示技术中被广泛使用。

图3.4中的水平线Y0～Y7叫作行线，接内部LED的阳极，每行8个LED的阳极都接在本行的行线上，相邻两行线间绝缘。同样，垂直线X0～X7叫作列线，接内部LED的阴极，每列8个LED的阴极都接在本列的列线上，相邻两列线间绝缘。

在这种形式的LED点阵屏中，若在某行线上施加高电平（用“1”表示），在某列线上施加低电平（用“0”表示）；则行线和列线的交叉点处的LED就会因有电流流过而发光。例如，若Y7为1，X0为0，则右下角的LED被点亮；若Y0为1，X0～X7均为0，则最上面一行

的 8 个 LED 全被点亮。

下面描述动态显示字符 B 的过程，如图 3.5 所示。

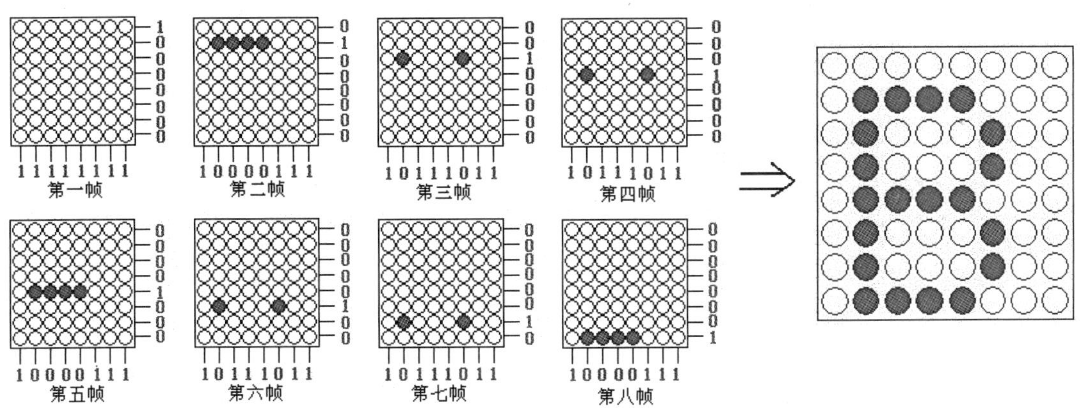

图 3.5　动态显示字符 B 的过程

假设 X，Y 为两个 8 位的字节型数据，X 的每位对应 LED 模块的 8 根列线 X0～X7。同样 Y 的每位对应 LED 模块的 8 根行线 Y0～Y7。示例中，Y 为行扫描线，在每个时刻只有一根线为“1”，即有效行选通电平；X 为列数据线，其内容就是点阵化的字模数据。下面用伪代码描述动态显示过程。

①Y=0x01,X=0xFF，如图 3.5 所示的第一帧。

②Y=0x02,X=0x87，如图 3.5 所示的第二帧。

③Y=0x04,X=0xBB，如图 3.5 所示的第三帧。

④Y=0x08,X=0xBB，如图 3.5 所示的第四帧。

⑤Y=0x10,X=0x87，如图 3.5 所示的第五帧。

⑥Y=0x20,X=0xBB，如图 3.5 所示的第六帧。

⑦Y=0x40,X=0xBB，如图 3.5 所示的第七帧。

⑧Y=0x80,X=0x87，如图 3.5 所示的第八帧。

⑨跳到第①步循环。

如果高速地循环进行①～⑨，且两个步骤间的间隔时间小于 1/24s，由于视觉暂留，显示屏上将呈现一个完整的 B 字符。

在实际应用中，要在每两帧之间加上合适的延时，以使人眼能清晰地看见发光。在帧切换时还要进行余辉消除处理，如先将扫描线全部设置为无效电平，在发送下一行的列数据后再选通扫描线，避免出现尾影。

3.1.3　Keil 编译出错信息

编者平时在使用 Keil 时会遇到一些不容易理解的出错信息，学生也常常反映不明白在编程时 Keil 出错提示信息的含义。Keil 出错提示的目的是便于开发者尽快定位问题代码，因此掌握编程过程中的 Keil 出错提示信息对于提高 Keil 的使用效率是非常重要的。表 3.9 所示为关于 Keil 的出错提示信息列表，供读者参考。

表 3.9　关于 Keil 的出错提示信息列表

错误代码	错误信息	错误释义
error 1	Out of memory	内存溢出
error 2	Identifier expected	缺标识符
error 3	Unknown identifier	未定义的标识符
error 4	Duplicate identifier	重复定义的标识符
error 5	Syntax error	语法错误
error 6	Error in real constant	实型常量错误
error 7	Error in integer constant	整型常量错误
error 8	String constant exceeds line	字符串常量超过一行
error 9	Unexpected end of file	文件非正常结束
error 10	Line too long	行太长
error 11	Type identifier expected	未定义的类型标识符
error 12	Too many open files	打开文件太多
error 13	Invalid file name	无效的文件名
error 14	File not found	文件未找到
error 15	Disk full	磁盘满
error 16	Invalid compiler directive	无效的编译命令
error 17	Too many files	文件太多
error 18	Undefined type in pointer def	指针定义中未定义类型
error 19	Variable identifier expected	缺少变量标识符
error 20	Error in type	类型错误
error 21	Structure too large	结构类型太长
error 22	Set base type out of range	集合基类型越界
error 23	File components may not be files or objectsfile	分量不能是文件或对象
error 24	Invalid string length	无效的字符串长度
error 25	Type mismatch	类型不匹配
error 26	Invalid subrange base type	无效的子界类型
error 27	Lower bound greater than upper bound	下界超过上界
error 28	Ordinal type expected	缺少有序类型
error 29	Integer constant expected	缺少整型常量
error 30	Constant expected	缺少常量
error 31	Integer or real constant expected	缺少整型或实型常量
error 32	Pointer Type identifier expected	缺少指针类型标识符
error 33	Invalid function result type	无效的函数结果类型
error 34	Label identifier expected	缺少标号标识符
error 35	BEGIN expected	缺少 BEGIN 关键字
error 36	END expected	缺少 END 关键字
error 37	Integer expression expected	缺少整型表达式
error 38	Ordinal expression expected	缺少有序类型表达式
error 39	Boolean expression expected	缺少布尔表达式

续表

错误代码	错误信息	错误释义
error 40	Operand types do not match	操作数类型不匹配
error 41	Error in expression	表达式错误
error 42	Illegal assignment	非法赋值
error 43	Field identifier expected	缺少域标识符
error 44	Object file too large	目标文件太大
error 45	Undefined external	未定义的外部过程与函数
error 46	Invalid object file record	无效的 OBJ 文件格式
error 47	Code segment too large	代码段太长
error 48	Data segment too large	数据段太长
error 49	DO expected	缺少 DO 关键字
error 50	Invalid PUBLIC definition	PUBLIC 定义无效
error 51	Invalid EXTRN definition EXTRN	EXTRN 定义无效
error 52	Too many EXTRN definitions EXTRN	EXTRN 定义太多
error 53	OF expected	缺少 OF 关键字
error 54	INTERFACE expected	缺少 INTERFACE 关键字
error 55	Invalid relocatable reference	无效的可重定位引用
error 56	THEN expected	缺少 THEN
error 57	TO or DOWNTO expected	缺少 TO 关键字或 DOWNTO 关键字
error 58	Undefined forward	提前引用未经定义的说明
error 59	Invalid typecast	无效的类型转换
error 60	Division by zero	0 做除数
error 61	Invalid file type	无效的文件类型
error 62	Cannot read or write variables of this type	不能读写此类型变量
error 63	Pointer variable expected	缺少指针类型变量
error 64	String variable expected	缺少字符串变量
error 65	String expression expected	缺少字符串表达式
error 66	Circular unit reference	单元部件循环引用
error 67	Unit name mismatch	单元名不匹配
error 68	Unit version mismatch	单元版本不匹配
error 69	Internal stack overflow	内部堆栈溢出
error 70	Unit file format error	单元文件格式错误
error 71	IMPLEMENTATION expected	缺少 IMPLEMENTATION 关键字
error 72	Constant and case types do not match	常量和关键字 CASE 类型不匹配
error 73	Record or object variable expected	缺少记录或对象变量
error 74	Constant out of range	常量越界
error 75	File variable expected	缺少文件变量
error 76	Pointer expression expected	缺少指针表达式
error 77	Integer or real expression expected	缺少整型或实型表达式
error 78	Label not within current block	标号不在当前块内

续表

错误代码	错误信息	错误释义
error 79	Label already defined	标号已定义
error 80	Undefined label in preceding statement part	在前面未定义标号
error 81	Invalid @ argument	@参数无效
error 82	UNIT expected	缺少 UNIT 关键字
error 83	";" expected	缺少“;”
error 84	":" expected	缺少“:”
error 85	"," expected	缺少“,”
error 86	"(" expected	缺少“(”
error 87	")" expected	缺少“)”
error 88	"=" expected	缺少“=”
error 89	":=" expected	缺少“:=”
error 90	"[" or "(." expected	缺少“[”或“(.”
error 91	"]" or ".)" expected	缺少“]”或“.)”
error 92	"." expected	缺少“.”
error 93	".." expected	缺少“..”
error 94	Too many variables	变量太多
error 95	Invalid FOR control variable	FOR 循环控制变量无效
error 96	Integer variable expected	缺少整型变量
error 97	Files and procedure types are not allowed here	该处文件和过程类型不被允许
error 98	String length mismatch	字符串长度不匹配
error 99	Invalid ordering of fields	无效域顺序
error 100	String constant expected	缺少字符串常量
error 101	Integer or real variable expected	缺少整型或实型变量
error 102	Ordinal variable expected	缺少有序类型变量
error 103	INLINE error	INLINE 错误
error 104	Character expression expected	缺少字符表达式
error 105	Too many relocation items	重定位项太多
error 106	Overflow in arithmetic operation	算术运算溢出
error 107	CASE constant out of range	CASE 常量越界
error 108	Error in statement	表达式错误
error 109	Cannot call an interrupt procedure	不能调用中断过程
error 110	Must be in 8087 mode to compile this	必须在 8087 模式编译
error 111	Target address not found	找不到目标地址
error 112	Include files are not allowed here	该处 Include 文件不被允许
error 113	No inherited methods are accessible here	该处继承方法不可访问
error 114	Invalid qualifier	无效的限定符
error 115	Invalid variable reference	无效的变量引用
error 116	Too many symbols	符号太多
error 117	Statement part too large	语句体太长

续表

错误代码	错误信息	错误释义
error 118	Files must be var parameters	文件必须是变量形参
error 119	Too many conditional symbols	条件符号太多
error 120	Misplaced conditional directive	条件指令错位
error 121	ENDIF directive missing	缺少 ENDIF 指令
error 122	Error in initial conditional defines	初始条件定义错误
error 123	Header does not match previous definition	和前面定义的过程或函数不匹配
error 124	Cannot evaluate this expression	不能计算该表达式
error 125	Expression incorrectly terminated	表达式错误结束
error 126	Invalid format specifier	格式说明符无效
error 127	Invalid indirect reference	间接引用无效
error 128	Structured variables are not allowed here	该处结构变量不被允许
error 129	Cannot evaluate without System unit	没有 System 单元不能计算
error 130	Cannot access this symbol	不能存取符号
error 131	Invalid floating point operation	符号运算无效
error 132	Cannot compile overlays to memory	不能编译覆盖模块至内存
error 133	Pointer or procedural variable expected	缺少指针或过程变量
error 134	Invalid procedure or function reference	过程或函数调用无效
error 135	Cannot overlay this unit	不能覆盖该单元
error 136	File access denied	文件访问不被允许
error 137	Object type expected	缺少对象类型
error 138	Local object types are not allowed	局部对象类型不被允许
error 139	VIRTUAL expected	缺少 VIRTUAL
error 140	Method identifier expected	缺少方法标识符
error 141	Virtual constructors are not allowed	虚构造函数不被允许
error 142	Constructor identifier expected	缺少构造函数标识符
error 143	Destructor identifier expected	缺少析构函数标识符
error 144	Fail only allowed within constructors	只能在构造函数内使用 Fail 标准过程
error 145	Invalid combination of opcode and operands	操作数与操作符无效组合
error 146	Memory reference expected	缺少内存引用指针
error 147	Cannot add or subtract relocatable symbols	不能加减可重定位符号
error 148	Invalid register combination	寄存器组合无效
error 149	286/287 instructions are not enabled	未激活 286/287 指令
error 150	Invalid symbol reference	无效符号指针
error 151	Code generation error	代码生成错误
error 152	ASM expected	缺少 ASM 关键字
error 153	Procedure or function identifier expected	缺少过程或函数标识符
error 154	Cannot export this symbol	不能输出该符号
error 155	Duplicate export name	外部文件名重复
error 156	Executable file header too large	可执行文件头太长
error 157	Too many segments	段太多

➢ 设计步骤

本任务的要求较简单，包括两个子任务：在LCD1602液晶显示器上显示一个英文单词和在8×8点阵屏上显示一个汉字。在项目初期，读者需要分析该项目的需求。编者提供如下的分析思路。

（1）两个子任务是分开实现还是合并实现？（这是比较关键的问题）

（2）LCD1602液晶显示器如何与单片机连接？

（3）8×8点阵屏如何与单片机连接？

（4）LCD1602液晶显示器上显示什么英文单词，16×16点阵屏上显示什么汉字？

对于上述问题，编者仅提供设计范例。在该范例中，两个子任务将分开实现（降低开发难度，也可以在后期将两个任务合并到一起），先通过仿真进行设计，然后在实际电路上进行测试。

1．子任务1：在LCD1602液晶显示器上显示一个英文单词。

1）电路原理图

电路原理图如图3.6所示。

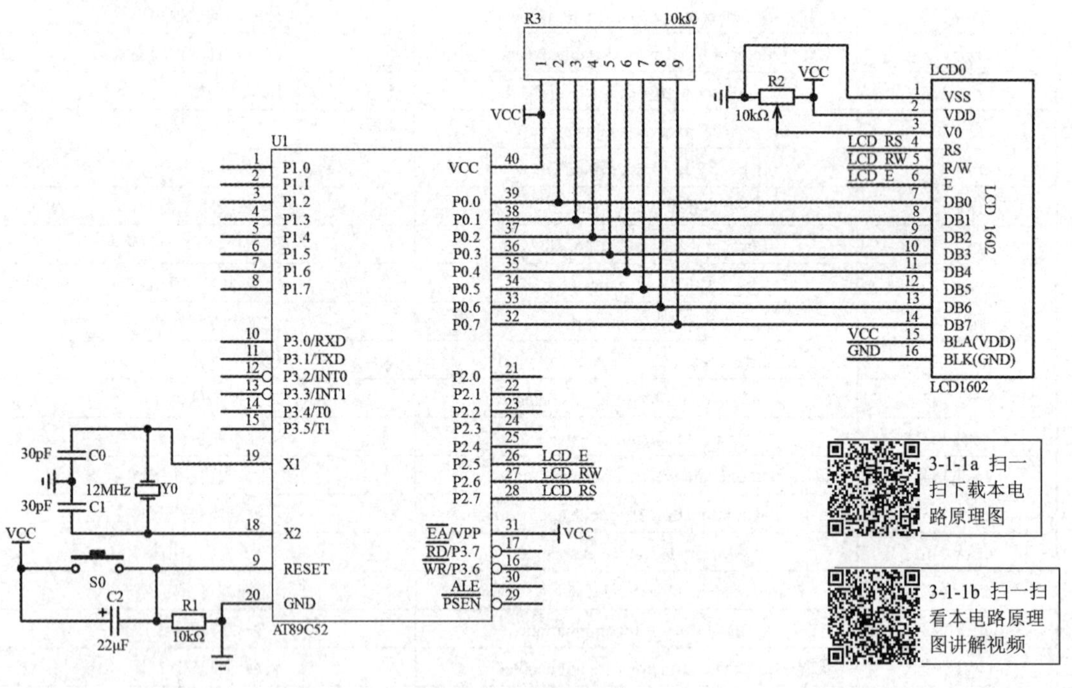

图3.6 电路原理图

2）仿真电路图

仿真电路图如图3.7所示。

3）程序流程图

程序流程图如图3.8所示。

4）源代码

源代码扫二维码下载后阅览。LCD1602共有11条线路与单片机连接，其中有8条是数据线，3 条是控制线。如果把它们都连接上，将占用单片机较多接口。LCD1602 还有一种使用高 4 位数据线的接法，LCD1602 和单片机之间仅需要连接 7 条线，可以减少 51 单片机引脚连线数量。下面的例子是将单片机 P0 口的高 4 位连接到 LCD1602 的高 4 位数据线：P0.0 口连接 LCD1602 的 RS 引脚，P0.1 口连接 LCD1602 的 R/W 引脚，P0.2 口连接 LCD1602 的 E 引脚，图 3.9 所示为其原理图，图 3.10 是仿真电路图。

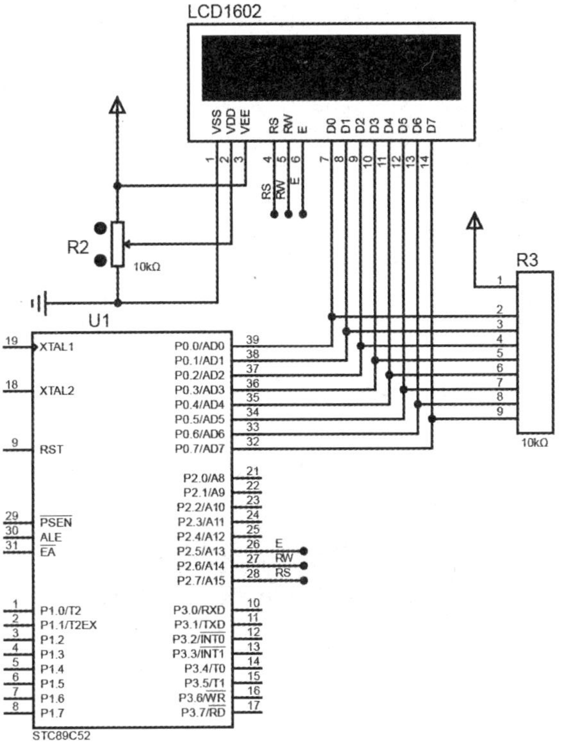

3-1-1c 扫一扫下载本仿真电路

3-1-1d 扫一扫看本仿真电路讲解视频

图 3.7　仿真电路图

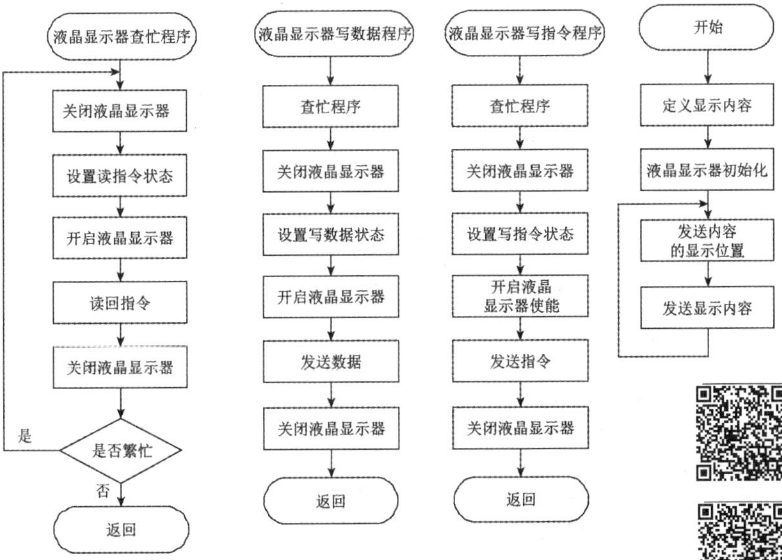

3-1-1d 扫一扫看本仿真电路讲解视频

3-1-1f 扫一扫下载本程序源代码

图 3.8　程序流程图

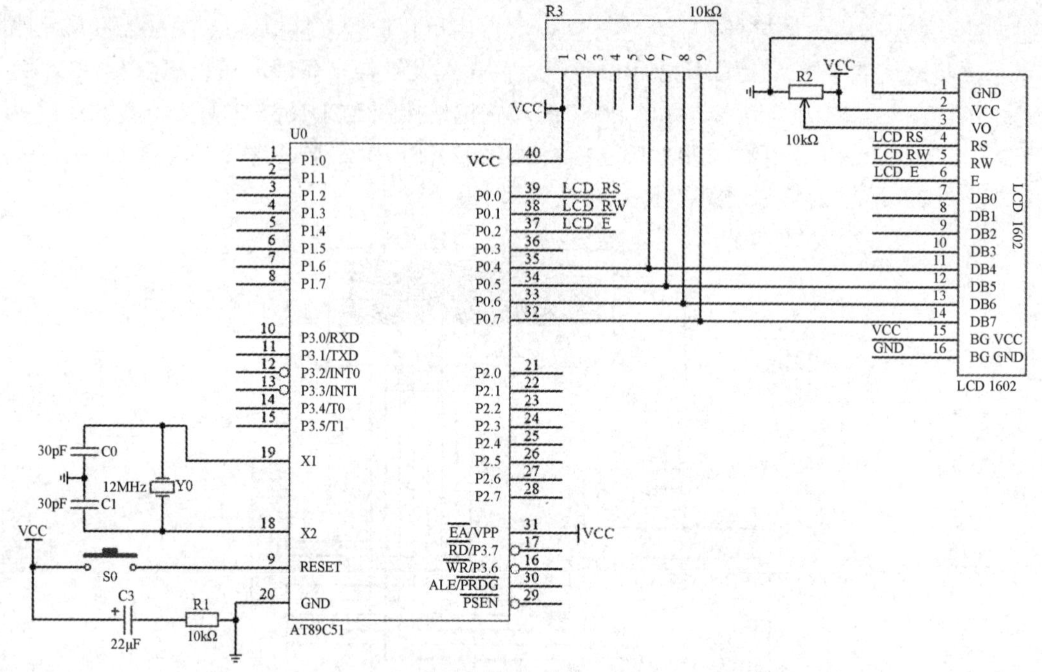

图 3.9　LCD1602 使用高 4 位数据线接法原理图

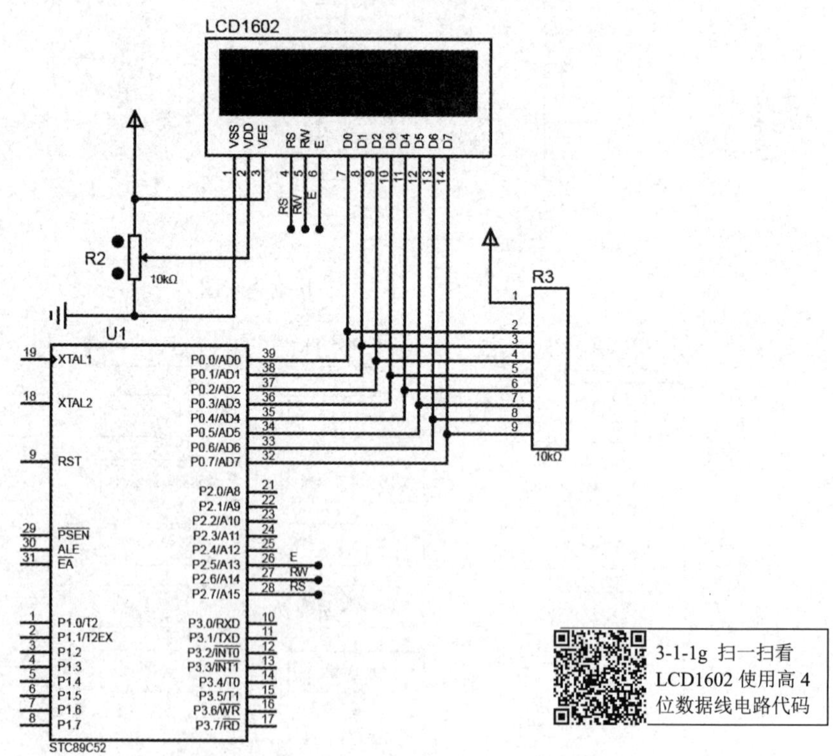

3-1-1g 扫一扫看 LCD1602 使用高 4 位数据线电路代码

图 3.10　LCD1602 使用高 4 位数据线接法仿真电路图

2．子任务 2：在 16×16 点阵屏上显示一个汉字

（1）电路原理图如图 3.11 所示。

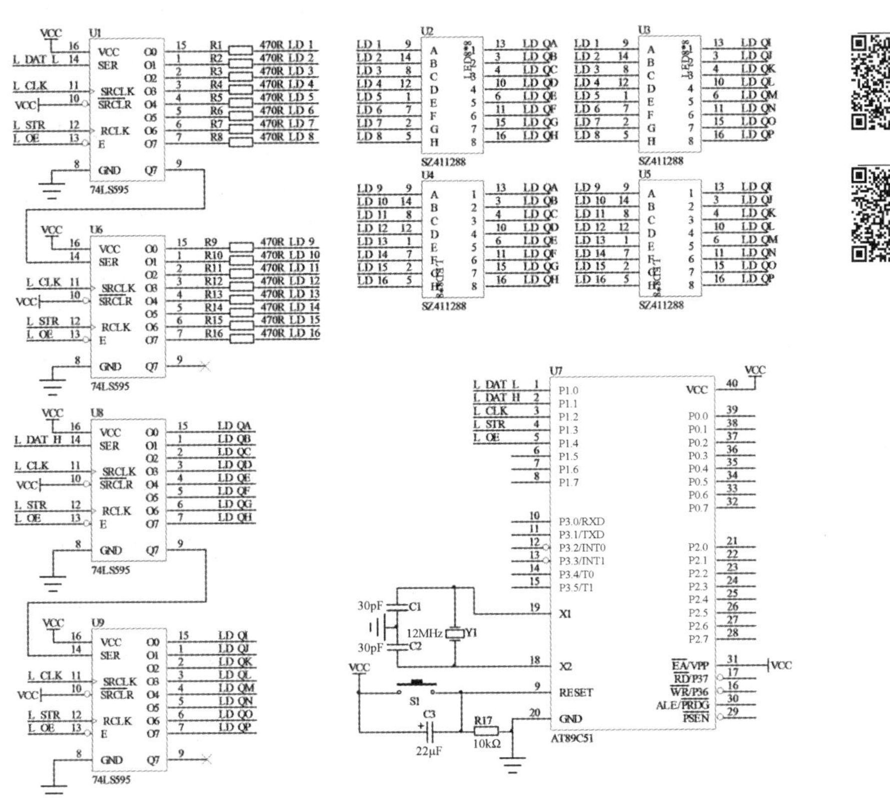

3-1-2a 扫一扫下载本电路原理图

3-1-2a 扫一扫下载本电路原理图

图 3.11 电路原理图

（2）仿真电路图如图 3.12 所示。

3-1-2c 扫一扫下载本仿真电路

3-1-2d 扫一扫看本仿真电路讲解视频

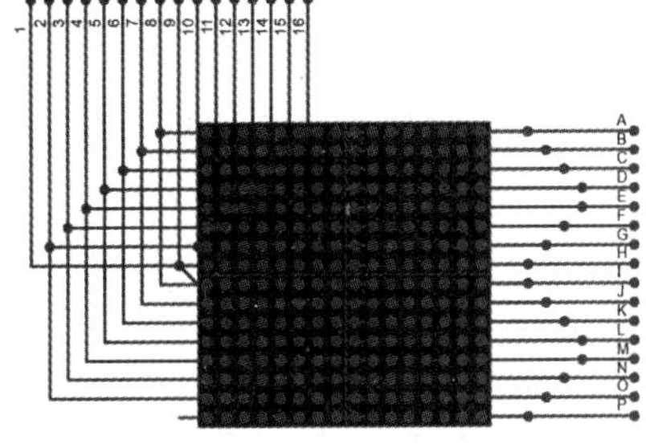

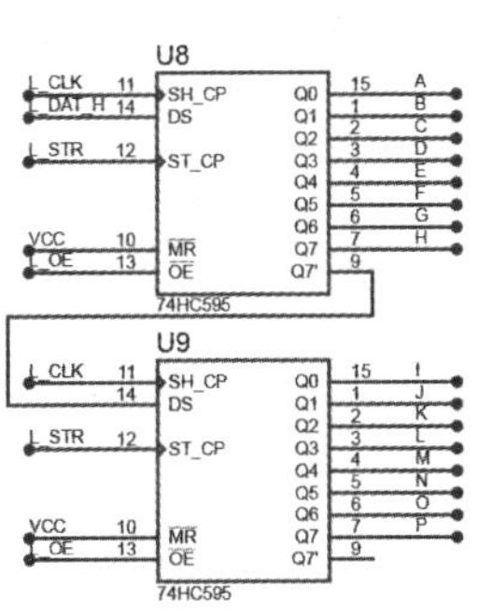

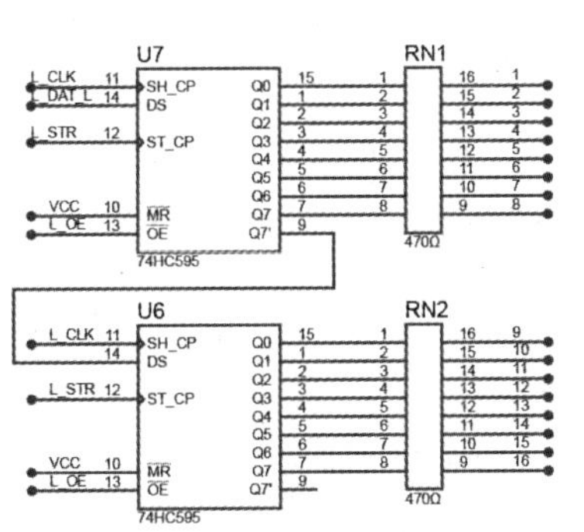

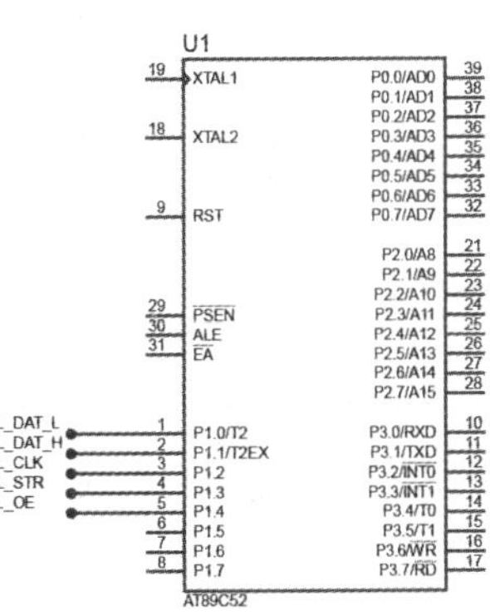

图 3.12 仿真电路图

（3）程序流程图如图 3.13 所示。

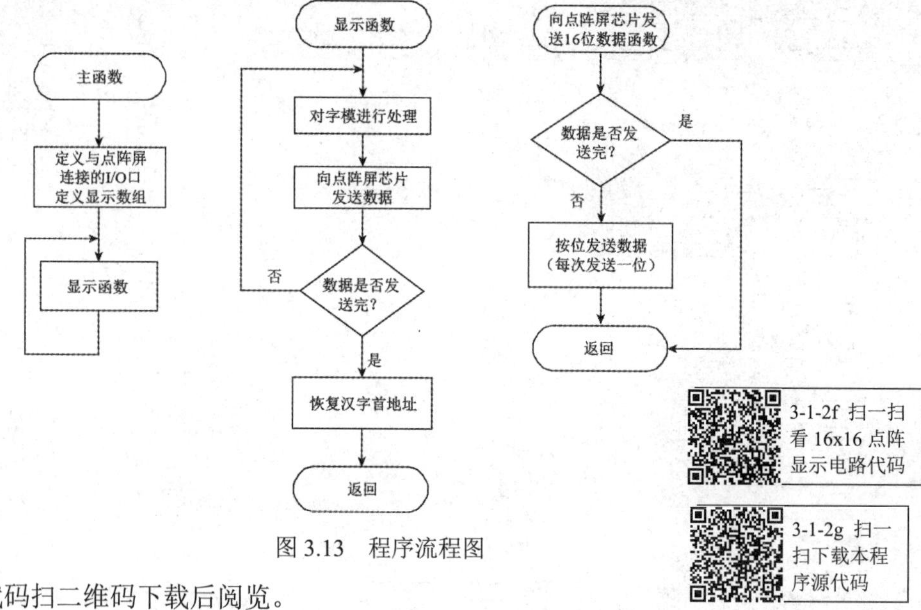

图 3.13 程序流程图

（4）源代码扫二维码下载后阅览。

➢ 应用测试

为什么没有在 LCD1602 液晶显示器上显示汉字？这与选用的液晶显示器有关，有兴趣的读者可查询具有中文显示功能的液晶显示器模块有哪些。

本任务的测试比较简单。建议读者思考如何实现简单的液晶显示器上电自检功能，该功能可检查每个显示点有没有问题。

任务 3.2 创意广告灯制作

➢ 任务介绍

本任务中的创意广告灯也可以定义为电子广告牌，通过 LED 点阵屏显示滚动的文字、图案等创意。本任务的基本要求是利用 16×16 点阵屏电路实现滚动显示一组字符（汉字），滚动方式自定。

在本任务的基本要求上，读者可以思考如何将蜂鸣器与 LED 点阵屏配合使用，以实现在字符滚动时同步播放音乐。

在进行任务设计前，在项目 2 的基础上深入介绍单片机的编写规范和程序模块知识点，希望读者能够在单片机应用开发的同时，培养良好的编程素养。

➢ 知识导入

3.2.1 C51 程序编写规范（二）

1. 工程文件结构

单片机程序应注重模块化设计。C51 程序有两种用户文件——源文件（.c 文件）和头文

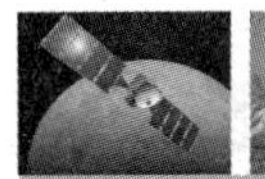

件（.h 文件），每个程序模块都应包含源文件和头文件。下面以一个示例程序来说明工程文件结构，该示例程序中有 4 个源文件和 4 个头文件，以及 1 个说明文件，如图 3.14 所示。

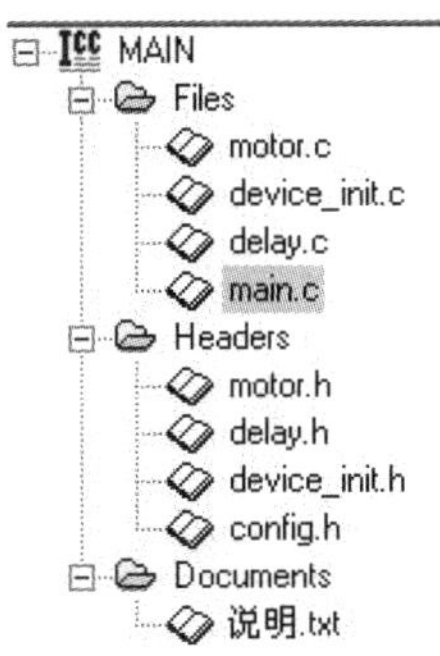

图 3.14　工程文件结构

下面来看这些文件的包含关系与内容（建议读者掌握这种关系形式）。所有源文件都包含 config.h 文件。config.h 文件中的程序如下。

```
#include "delay.h"
#include "device_init.h"
#include "motor.h"
```

每一个头文件都引入了宏定义与预编译程序。宏代码如下。

```
#ifndef _UNIT_H__
#define _UNIT_H__ 1
//100μs
extern void delay100us(uint8 n);
//1s
extern void delay1s(uint16 n);
//1ms
extern void delay1ms(uint16 n);
#endif
```

上述宏代码能够防止头文件被多次编译。

预编译程序有很多用途，如可以根据不同的值编译不同的语句。

```
    //#pragma REGPARMS
    #if CPU_TYPE == M128
    #include <iom128v.h>
    #endif
    #if CPU_TYPE == M64
    #include <iom64v.h>
    #endif
    #if CPU_TYPE == M32
    #include <iom32v.h>
    #endif
    #if CPU_TYPE == M16
    #include <iom16v.h>
    #endif
    #if CPU_TYPE == M8
```

```
    #include <iom8v.h>
    #endif
```

注意：#include<filename> 与 #include "filename" 的搜索路径不同，前者是先搜索系统目录 include 下的文件，后者是先搜索程序目录下的文件。

2. 变量名与函数名

一般通过下画线或大小写结合的方法，将动词和名词组合构成变量名或函数名。下面对比好的命名方法与不好的命名方法。

好的命名方法：

```
delay100μs();
```

不好的命名方法：

```
Yanshi();
```

好的命名方法：

```
init_devices();
```

不好的命名方法：

```
Chengxuchushihua();
```

好的命名方法：

```
int temp;
```

不好的命名方法：

```
int dd;
```

3. 外部调用

先在模块化程序的头文件中定义外部变量。

```
//接口初始化
extern void port_init(void);
//T2 初始化
void timer2_init(void);
//各种参数初始化
extern void  init_devices(void);
```

然后在模块化程序的.c 文件中定义函数。

```
/**************************采用 timer2 产生波形***********************/
// PWM 频率 = 系统时钟频率/（分频系数×2×定时器/计数器上限值）
void timer2_init(void)
{
    TCCR2 = 0x00;  //stop
    TCNT2= 0x01;  //set count
    OCR2 = 0x66;  //set compare
    TCCR2 = (1<<WGM20)|(1<<WGM21)|(1<<COM21)|0x06;
}
```

在 main.c 中调用大部分函数，在 interrupt.c 中根据不同的中断调用服务函数。

```
void main(void)
{
```

```
/**************************************************/
//初始化工作
/**************************************************/
  init_devices();
  while(1)
  {
   for_ward(0);               //默认速度运转，顺时针转动
   delay1s(5);                //延时 5s
   motor_stop();              //停止
   delay1s(5);                //延时 5s
   back_ward(0);              //默认速度运转，逆时针转动
   delay1s(5);                //延时 5s
   speed_add(20);             //加速
   delay1s(5);                //延时 5s
   speed_subtract(20);        //减速
   delay1s(5);                //延时 5s
   }
}
```

4. 宏定义

宏定义主要用于两个地方：一是利用宏将用得非常多的命令或语句简化。

```
#ifndef TRUE
#define TRUE 1
#endif
#ifndef FALSE
#define FALSE 0
#endif
#ifndef NULL
#define NULL 0
#endif
#define MIN(a, b)          ((a<b)(a):(b))
#define MAX(a, b)          ((a>b)(a):(b))
#define ABS(x)          ((x>)(x):(-x))
typedef unsigned char  uint8;       /* 定义可移植的无符号 8 位整型关键字*/
typedef signed   char  int8;        /* 定义可移植的有符号 8 位整型关键字*/
typedef unsigned int   uint16;      /* 定义可移植的无符号 16 位整型关键字*/
typedef signed   int   int16;       /* 定义可移植的有符号 16 位整型关键字*/
typedef unsigned long  uint32;      /* 定义可移植的无符号 32 位整型关键字*/
typedef signed   long  int32;       /* 定义可移植的有符号 32 位整型关键字*/
```

二是利用宏定义方便地进行硬件接口操作。在程序需要修改时，只需要修改宏定义即可。

```
//PD4，PD5 电动机方向控制。如果需要更改引脚控制电动机方向，更改 PORTD |= 0x10 即可
#define moto_en1 PORTD |= 0x10
#define moto_en2 PORTD |= 0x20
#define moto_uen1 PORTD &=~.0x10
#define moto_uen2 PORTD &=~ 0x20
//启动 TC2 定时比较和溢出
```

```
#define TC2_EN TIMSK |= (<<1OCIE2)|(1<<TOIE2)
//禁止 TC2 再定时比较和溢出
#define TC2_DIS TIMSK &=~ (1<<OCIE2)|(1<<TOIE2)
```

5. 关于注释

为了增加程序的可读性，需要在程序中写注释。

在比较特殊的函数使用或命令调用的地方加单行注释，使用方法如下。

```
Tbuf_putchar(c, RTbuf);          // 将数据加入发送缓存区并打开中断
extern void delay1s(uint16 n);
```

在模块化的函数中使用详细段落注释：

```
/***********************
** 函数名称: Com_putchar
** 功能描述: 从串口输出一个字符 c
** 输入:c:输出字符
** 输出:0 表示失败，1 表示成功
** 全局变量: 无
** 调用模块:
** 说明:
** 注意:
********************/
```

在文件头上加文件名、文件用途、作者、日期等信息。

```
/*************************************************
**                      serial   driver
**                    (c) Copyright 2005-2006
**                         All Rights Reserved
**
**                              V1.1.0
**
**
**--------------文件信息-------------------------------------------------------------------------------------
**文    件    名:sio.c
**创    建    人:
**最后修改日期:
**描      述: serial   driver
**
**--------------历史版本信息-------------------------------------------------------------------------------
** 创建人:
** 版 本: V1.00
** 日  期:
** 描  述: 原始版本
**
**************************************************************/
```

3.2.2 单片机程序模板

（1）程序开始处的程序说明如下。

```
/*****************************************************
程序名：
编写人：
编写时间：
硬件支持：
接口说明：
修改日志：
说明：
/*****************************************************/
```

（2）单片机 SFR 定义的头文件如下。

```
#include <REG51.h>            //通用 89C51 的头文件
#include <REG52.h>            //通用 89C52 的头文件
#include <STC11Fxx.H>         //STC11Fxx 或 STC11Lxx 系列单片机的头文件
#include <STC12C2052AD.H>     //STC12Cx052 或 STC12Cx052AD 系列单片机的头文件
#include <STC12C5A60S2.H>     //STC12C5A60S2 系列单片机的头文件
```

（3）更多库函数头定义如下。

```
#include <assert.h>       //设定插入点
#include <ctype.h>        //字符处理
#include <errno.h>        //定义错误码
#include <float.h>        //浮点数处理
#include <fstream.h>      //文件输入 / 输出
#include <iomanip.h>      //参数化输入 / 输出
#include <iostream.h>     //数据流输入 / 输出
#include <limits.h>       //定义各种数据类型的最值
#include <locale.h>       //定义本地化函数
#include <math.h>         //定义数学函数
#include <stdio.h>        //定义输入 / 输出函数
#include <stdlib.h>       //定义杂项函数及内存分配函数
#include <string.h>       //字符串处理
#include <strstrea.h>     //基于数组的输入 / 输出
#include <time.h>         //定义关于时间的函数
#include <wchar.h>        //宽字符处理及输入 / 输出
#include <wctype.h>       //宽字符分类
#include <intrins.h>      //51 基本运算（包括_nop_空函数）
```

（4）常用定义声明如下。

```
sfr【自定义名】 = 【SFR 地址】      //按字节定义 SFR 中的存储器名，如 sfr P1 = 0x90
sbit 【自定义名】 = 【系统位名】    //按位定义 SFR 中的存储器名，如 sbit Add_Key = P3 ^ 1
bit 【自定义名】                    //定义一个位（位的值只能是 0 或 1），如 bit LED
#define 【代替名】【原名】          //用代替名代替原名，如#define LED P1
unsigned char 【自定义名】          //定义一个介于 0～255 的字符变量，如 unsigned char a
unsigned int 【自定义名】           //定义一个介于 0～65535 的整型变量，如 unsigned int a
```

（5）定义常量和变量的存放位置的关键字如下。

- data：字节寻址片内 RAM，片内 RAM 的 128B，如

```
data unsigned char a
```

- bdata：可位寻址片内 RAM，16B，从 0x20 到 0x2F，如

```
bdata unsigned char a
```

- idata：所有片内 RAM，256B，从 0x00 到 0xFF，如

```
idata unsigned char a
```

- pdata：片外 RAM，256B，从 0x00 到 0xFF，如

```
pdata unsigned char a
```

- xdata：片外 RAM，64KB，从 0x00 到 0xFFFF，如

```
xdata unsigned char a
```

- code ROM：存储器，64KB，从 0x00 到 0xFFFF，如

```
code unsigned char a
```

（6）选择、循环语句如下。

```
if(1)
{
  ……//为真时的语句
}
Else
{
  ……//否则语句
}
--------------------------
while(1)
{
  ……//为真时的内容
}
--------------------------
do{
……//先执行内容
}while(1);
--------------------------
switch (a)
{
    case 0x01:
        ……//为真时的语句
        ……break;
    case 0x02:
        ……//为真时的语句
        break;
    default:
        ……//冗余语句
```

```
        break;
}
--------------------------
for(;;)
{
……//循环语句
}
--------------------------
```

（7）主函数模板如下。

```
/*****************************************************
函数名：主函数
调  用：无
参  数：无
返回值：无
结  果：程序开始处，无限循环
备  注：
/*****************************************************/
void main (void)
{
        ……//初始程序
    while(1)
    {
        ……//无限循环程序
    }
}
/*****************************************************/
```

（8）中断处理函数模板如下。

```
/*****************************************************
函数名：中断处理函数
调  用：无
参  数：无
返回值：无
结  果：
备  注：
/*****************************************************/
void name (void) interrupt 1 using 1
{
  ……//处理内容
}
/*****************************************************/
【中断入口说明】
interrupt 0：外部中断 0（ROM 入口地址为 0x03）
interrupt 1：定时器/计数器中断 0（ROM 入口地址为 0x0B）
interrupt 2：外部中断 1（ROM 入口地址为 0x13）
interrupt 3：定时器/计数器中断 1（ROM 入口地址为 0x1B）
```

```
interrupt 4：UART 串口中断（ROM 入口地址为 0x23）
（更多的中断依单片机型号而定，ROM 中断入口均相差 8 个字节）
using 0：使用寄存器组 0。
using 1：使用寄存器组 1。
using 2：使用寄存器组 2。
using 3：使用寄存器组 3。
```

（9）普通函数框架如下。

```
/*****************************************************
函数名：
调  用：
参  数：无
返回值：无
结  果：
备  注：
/**************************************************/
void name (void)
{
  ……//函数内容
}
/*****************************************************/

/*****************************************************************
函数名：
调  用：
参  数：0~65535 / 0~255
返回值：0~65535 / 0~255
结  果：
备  注：
/****************************************************************/
unsigned int name (unsigned char a，unsigned int b)
{
  ……//函数内容
     return a; //返回值
}
/********************************************************/
```

（10）延时函数如下。

```
/*******************************************************
函数名：毫秒级 CPU 延时函数
调  用：delay_ms (?);
参  数：1~65535（参数不可为 0）
返回值：无
结  果：占用 CPU 方式延时与参数数值相同的毫秒时间
备  注：应用于 1T 单片机时 i<600，应用于 12T 单片机时 i<125
/**************************************************************/
void delay_ms (unsigned int a)
```

```
{
    unsigned int i;
    while( --a != 0){
        for(i = 0; i < 600; i++);
    }
}
/*****************************************************************/
```

（11）定时器/计数器函数如下。

```
---------------------------------------------------------------------------
M1  M0  方式  说明
0   0   0     13位定时器/计数器，由TL的低5位和TH的8位组成13位定时器/计数器
0   1   1     16位定时器/计数器，TL和TH共16位定时器/计数器
1   0   2     8位定时器/计数器，TL用于计数，当TL溢出时，将TH中的值自动写入TL
1   1   3     两组8位定时器/计数器
---------------------------------------------------------------------------
/*****************************************************************
函数名：定时器/计数器初始化函数
调  用：T_C_init();
参  数：无
返回值：无
结  果：设置SFR中定时器/计数器1和（或）定时器/计数器0相关参数
备  注：本函数控制定时器/计数器1和定时器/计数器0，不需要使用的部分可用//屏蔽
/*****************************************************************/
void T_C_init (void)
{
    TMOD = 0x11;      //高4位控制定时器/计数器1
    EA = 1;           //中断总开关

    TH1 = 0xFF;       //16位T1高8位（写入初值）
    TL1 = 0xFF;       //16位T1低8位
    ET1 = 1;          //定时器/计数器1中断开关
    TR1 = 1;          //定时器/计数器1启动开关

    //TH0 = 0x3C;     //16位T0高8位
    //TL0 = 0xB0;     //16位T0低8位（0x3CB0 = 50ms延时）
    //ET0 = 1;        //定时器/计数器0中断开关
    //TR0 = 1;        //定时器/计数器0启动开关
}
/*****************************************************************/

/*****************************************************************
函数名：T1中断处理函数
调  用：定时器/计数器1溢出后中断处理
参  数：无
返回值：无
结  果：重新写入16位定时器/计数器寄存器初始值，处理用户程序
```

```
备　注：必须允许中断并启动定时器/计数器寄存器本函数方可有效，重新写入的初值需和 T_C_init 函数一致
/******************************************************************/
//切换到寄存器组 3
void T_C1 (void) interrupt 3  using 3
{
     TH1 = 0x3C; //16 位定时器/计数器寄存器 T1 高 8 位（重新写入初值）
     TL1 = 0xB0; //16 位定时器/计数器寄存器 T1 低 8 位（0x3CB0 = 50ms 延时）

     ……//函数内容
}
/******************************************************************/

/*******************************************************
函数名：T0 中断处理函数
调　用：定时器/计数器 0 溢出后中断处理
参　数：无
返回值：无
结　果：重新写入 16 位定时器/计数器寄存器初始值，处理用户程序
备　注：必须允许中断并启动定时器/计数器本函数方可有效，重新写入的初值需和 T_C_init 函数一致
**************************************************************/
//切换寄存器组到 1
void T_C0 (void) interrupt 1  using 1
{
     TH0 = 0x3C; //16 位定时器/计数器寄存器 T0 高 8 位（重新写入初值）
     TL0 = 0xB0; //16 位定时器/计数器寄存器 T0 低 8 位（0x3CB0 = 50ms 延时）

     ……//函数内容
}
/******************************************************************/
```

（12）外部中断函数如下。

```
/************************************************************
函数名：外部中断初始化函数
调　用：INT_init();
参　数：无
返回值：无
结　果：启动外部中断 INT1、INT0，设置中断方式
备　注：
**************************************************************/
void INT_init (void)
{
     EA = 1;        //中断总开关
     EX1 = 1;       //允许 INT1 中断
     EX0 = 1;       //允许 INT0 中断
     IT1 = 1;       //1 表示下沿触发，0 表示低电平触发
```

```
    IT0 = 1;    //1表示下沿触发，0表示低电平触发
}
/***************************************************/


/*****************************************************
函数名：外部中断INT1中断处理程序
调  用：外部引脚INT1中断处理
参  数：无
返回值：无
结  果：用户处理外部中断信号
备  注：
/***************************************************************/
void INT_1 (void) interrupt 2  using 2{ //切换到寄存器组2

  ……//用户函数内容

}
/*************************************************************/

/**************************************************************
函数名：外部中断INT0中断处理程序
调  用：外部引脚INT0中断处理
参  数：无
返回值：无
结  果：用户处理外部中断信号
备  注：
/***********************************************************/
void INT_0 (void) interrupt 0  using 2{ //切换到寄存器组2

  ……//用户函数内容

}
/*******************************************************/
```

（13）UART串口函数如下。

```
/***********************************************************
函数名：UART串口初始化函数
调  用：UART_init();
参  数：无
返回值：无
结  果：启动UART串口接收中断，允许串口接收，启动定时器/计数器1产生波特率（占用）
备  注：振荡晶体为12MHz，PC串口端设置为【 4800，8，无，1，无 】
/******************************************************/
void UART_init (void)
{
    EA = 1;           //允许总中断（如不使用中断，可用//屏蔽）
```

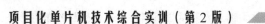

```
    ES = 1;            //允许 UART 串口的中断

    TMOD = 0x20;       //定时器/计数器 1 处于工作模式 2 下
    SCON = 0x50;       //串口处于工作模式 1 下，允许串口接收（SCON=0x40 时禁止串口接收）
    TH1 = 0xF3;        //定时器/计数器初值高 8 位设置
    TL1 = 0xF3;        //定时器/计数器初值低 8 位设置
    PCON = 0x80;       //波特率倍频（屏蔽本句，波特率为 2400Hz）
    TR1 = 1;           //启动定时器/计数器
}
/*********************************************************************/


/**********************************************************************
函数名：UART 串口初始化函数
调  用：UART_init();
参  数：无
返回值：无
结  果：启动 UART 串口接收中断，允许串口接收，启动定时器/计数器 1 产生波特率（占用）
备  注：振荡晶体为 11.0592MHz，PC 串口端设置为【 19200，8，无，1，无 】
**********************************************************************/
void UART_init (void)
{
    EA = 1;            //允许总中断（如不使用中断，可用//屏蔽）
    ES = 1;            //允许 UART 串口的中断

    TMOD = 0x20;       //定时器/计数器 1 处于工作模式 2 下
    SCON = 0x50;       //串口处于工作模式 1 下，允许串口接收（SCON=0x40 时禁止串口接收）
    TH1 = 0xFD;        //定时器/计数器初值高 8 位设置
    TL1 = 0xFD;        //定时器/计数器初值低 8 位设置
    PCON = 0x80;       //波特率倍频（屏蔽本句，波特率为 9600Hz）
    TR1 = 1;           //启动定时器/计数器
}
/*********************************************************************/

/************************
函数名：UART 串口接收中断处理函数
调  用：SBUF 收到数据后中断处理
参  数：无
返回值：无
结  果：UART 串口接收到数据时产生中断，用户对数据进行处理（并发送回去）
备  注：过长的处理程序会影响后面数据的接收
***********************************************************/
//切换到寄存器组 1
void UART_R (void) interrupt 4  using 1
{
    unsigned char UART_data;    //定义串口接收数据变量
```

```
    RI = 0;                        //令接收中断标志位为0（软件清0）
    UART_data = SBUF;              //将接收到的数据送入变量 UART_data

    ……//用户函数内容（用户可使用 UART_data 做数据处理）

    ……//SBUF = UART_data;          //将接收的数据发送回去（删除“//”即可生效）
    //while(TI == 0);              //检查发送中断标志位
    //TI = 0;                      //令发送中断标志位为0（软件清0）
}
/*****************************************************/

/**************************************************************
函数名：UART串口接收CPU查寻语句（非函数体）
调  用：将下面的内容放入主程序
参  数：无
返回值：无
结  果：循环查寻接收标志位为RI，如收到数据则进入if (RI == 1){}语句
备  注：
/********************
unsigned char UART_data;           //定义串口接收数据变量
//接收中断标志位为1
if (RI == 1)
{
    UART_data = SBUF;              //接收数据 SBUF 为单片机的接收发送缓冲寄存器
    RI = 0;                        //令接收中断标志位为0（软件清0）

    ……//用户函数内容（用户可使用 UART_data 做数据处理）

    //SBUF = UART_data;            //将接收的数据发送回去（删除“//”即可生效）
    //while(TI == 0);              //检查发送中断标志位
    //TI = 0;                      //令发送中断标志位为0（软件清0）
}
/*****************************************************/


/*******************************************************
函数名：UART串口发送函数
调  用：UART_T (?);
参  数：需要UART串口发送的数据（8位/1字节）
返回值：无
结  果：将参数中的数据发送给UART串口，确认发送完成后退出
备  注：
/*************************************************************/
//定义串口发送数据变量
void UART_T (unsigned char UART_data)
{
```

```
    SBUF = UART_data;          //将接收的数据发送回去
    while(TI == 0);            //检查发送中断标志位
    TI = 0;                    //令发送中断标志位为 0（软件清 0）
}
/******************************************************/
```

➢ 设计步骤

（1）电路原理图与图 3.11 相同。

（2）仿真电路图与图 3.12 相同。

（3）程序流程图如图 3.15 所示。

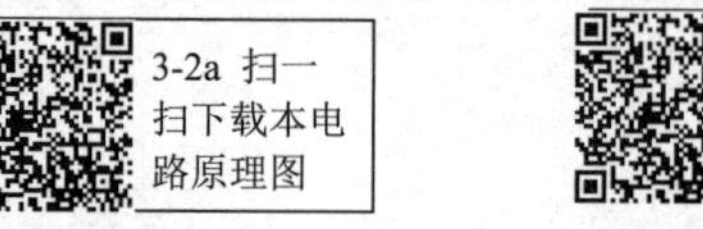

3-2b 扫一扫看本电路原理图讲解视频

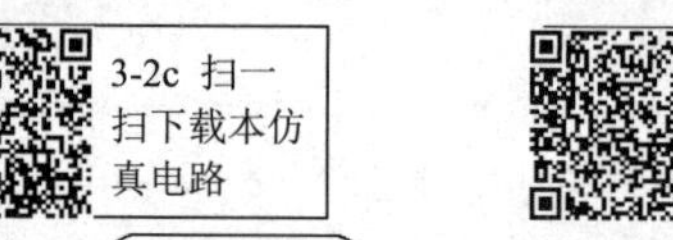

3-2d 扫一扫看本仿真电路讲解视频

3-2e 扫一扫看创意广告灯电路代码

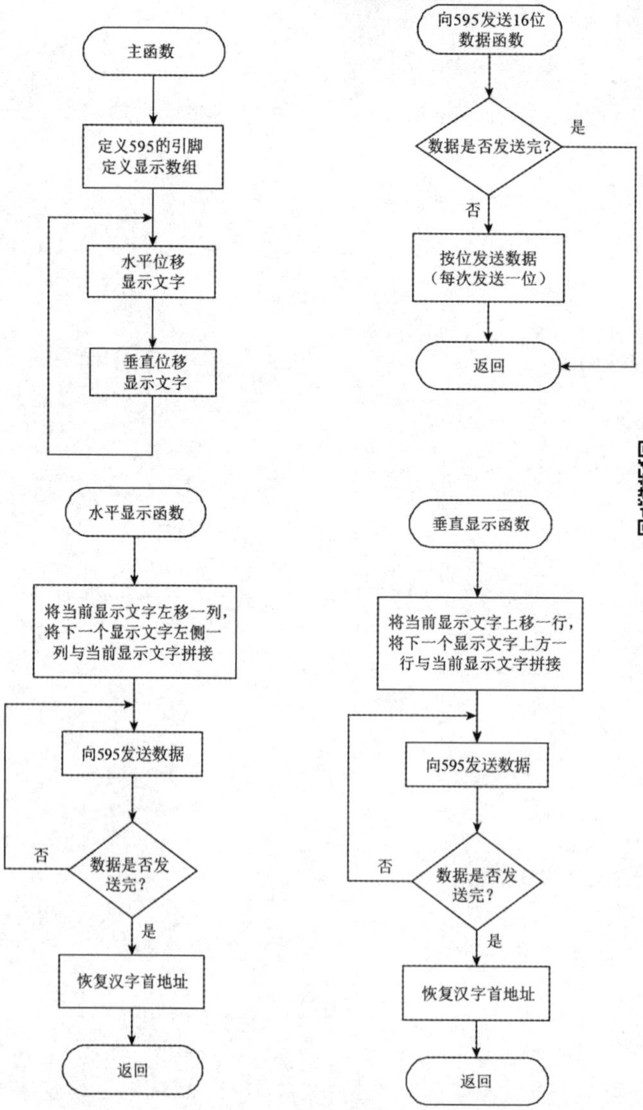

主函数
定义595的引脚
定义显示数组
水平位移
显示文字
垂直位移
显示文字

向595发送16位
数据函数
数据是否发送完?
是
否
按位发送数据
（每次发送一位）
返回

水平显示函数
将当前显示文字左移一列，
将下一个显示文字左侧一
列与当前显示文字拼接
向595发送数据
数据是否发
送完?
否
是
恢复汉字首地址
返回

垂直显示函数
将当前显示文字上移一行，
将下一个显示文字上方一
行与当前显示文字拼接
向595发送数据
数据是否发
送完?
否
是
恢复汉字首地址
返回

图 3.15　程序流程图

（4）源代码请扫二维码下载后阅览。

➢ 应用测试

很多店面常用的广告牌是使用 LED 点阵屏显示流动的汉字，本任务实现的功能属于电子广告牌类，但因为本任务显示的汉字是固定的，不能随意修改，因此本任务实现的功能与实际可用的产品还有一定的差距。

读者可以思考如何扩充该电子广告牌的功能，达到随意输入要显示的内容的目的。编者的思路是将该电子广告牌系统通过串口与计算机相连，计算机使用串口输入软件，将要显示的字符和显示方式通过串口发送给单片机，单片机控制点阵屏，根据要求进行显示。有兴趣的读者可参考本书的最后一个项目（通信接口项目），可以想办法将本任务与通信接口项目中的任务融合，实现一个具有实用性功能的电子广告牌。

任务 3.3 电子万年历制作

➢ 任务介绍

万年历是一个非常普遍的单片机开发项目，该项目使用的外部资源是一个时钟芯片和掉电存储器。为完成本任务需要了解时钟芯片的工作原理及时钟芯片与单片机的连线类型（如 IIC 总线、SPI 总线、单总线等）。

本任务要求实现在液晶显示器上显示时间和日期、通过按键设置时间和日期、掉电保存时间（关机后时钟依旧计时）等功能。本任务的目的是引导读者熟悉时钟芯片和外部存储器。

在介绍任务设计之前，先讲解 IIC 总线、SPI 总线、单总线等知识点。

➢ 知识导入

3.3.1 IIC 总线及数据传输

IIC（Inter-Integrated Circuit）总线是由 PHILIPS 公司开发的两线式串行总线，用于连接微控制器及其外围设备。IIC 总线产生于 20 世纪 80 年代，最初是为音频和视频设备开发的，如今主要在服务管理中使用。IIC 总线可对各个组件进行查询，以管理系统的配置或掌握组件的功能状态，如电源和系统风扇，还可以随时监控内存剩余存储空间、硬盘剩余存储空间、网络传输速率、系统温度等多个参数，增加了系统的安全性，便于管理。IIC 总线使用示意图如图 3.16 所示。

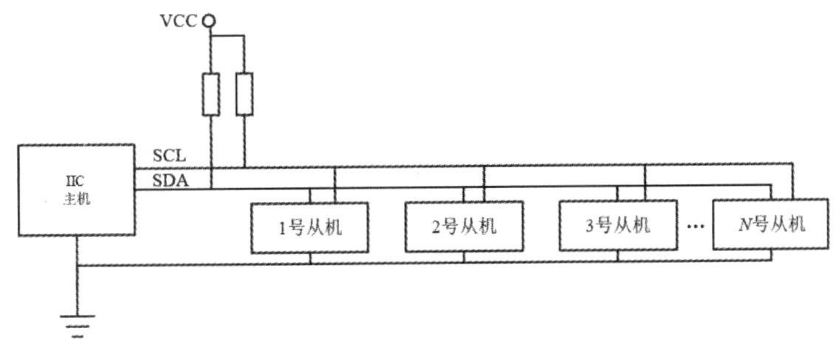

图 3.16 IIC 总线使用示意图

1．IIC 总线的构成及信号类型

IIC 总线是由数据线 SDA 和时钟线 SCL 构成的串行总线，可发送和接收数据，在 CPU 与被控芯片之间、芯片与芯片之间进行双向传送，最高传送速率为 100kbit/s。各种被控制电路均并联在这条总线上，每个电路和模块都有唯一的地址。在信息传输过程中，IIC 总线上并行接入的每一模块电路既可以作为主机，又可以作为从机，这取决于它要完成的功能。CPU 发出的控制信号分为地址码和控制量两部分：地址码用来选址，即接通需要控制的电路，确定控制的种类；控制量决定该控制类别（如对比度、亮度等）及需要控制的量。这样，各控制电路虽然连接同一条总线，却彼此独立，互不相关。

IIC 总线在传送数据的过程中共有三种类型信号，分别是开始信号（又称启动信号）、结束信号（又称停止信号）和应答信号。

开始信号：当 SCL 为高电平时，SDA 由高电平向低电平跳变，开始传送数据。

结束信号：当 SCL 为低电平时，SDA 由低电平向高电平跳变，结束传送数据。

应答信号：接收数据的芯片在接收 8bit 数据后，向发送数据的芯片发出特定的低电平脉冲，表示已收到数据。CPU 向受控单元发出信号后，等待受控单元发出应答信号，CPU 接收应答信号后，根据实际情况做出是否继续传递信号的判断。若未收到应答信号，则判断为受控单元出现故障。

2．IIC 总线的时钟信号

在 IIC 总线上传送信息时的时钟同步信号是由连接在 SCL 上的所有器件经逻辑与运算确定的。SCL 由高电平到低电平的跳变将影响这些器件，一旦某个器件的 SCL 信号变为低电平，将使 SCL 上的所有器件开始进入低电平期。此时，低电平期短的器件的 SCL 信号由低电平跳变到高电平并不影响 SCL 的状态，这些器件将进入高电平等待状态。

当所有器件的 SCL 信号都变为高电平时，低电平期结束，SCL 被释放，返回高电平，即所有器件同时进入高电平期。其后，第一个结束高电平期的器件又将 SCL 拉至低电平。这样就在 SCL 上产生一个同步时钟。可见，SCL 处于低电平的时间由 SCL 上的低电平期最长的器件决定，而 SCL 处于高电平的时间由 SCL 上的高电平期最短的器件决定。

3．IIC 总线的传输协议与数据传送

1）起始和停止条件

在数据传送过程中，必须确认数据传送的开始和结束。IIC 总线技术规范中的开始信号和结束信号的定义如图 3.17 所示。

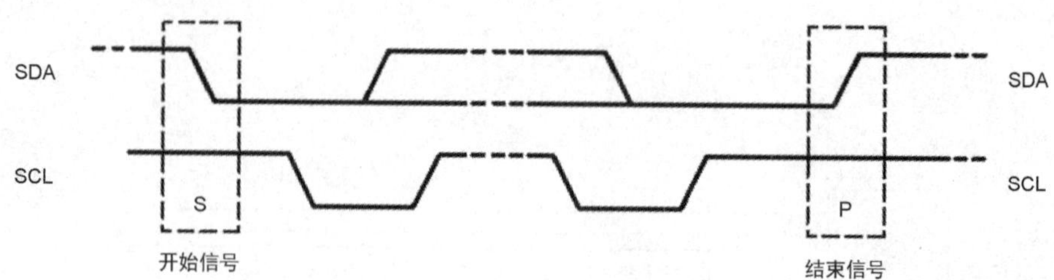

图 3.17　IIC 总线技术规范中的开始信号和结束信号的定义

开始信号和结束信号都由主器件产生。在开始信号产生以后，IIC 总线被认为处于忙状态，其他器件不能再产生开始信号。主器件在发出结束信号以后退出主器件角色，经过一段时间后，

总线被认为是空闲的。

2）数据格式

IIC 总线数据传送采用的是时钟脉冲逐位串行传送方式，在 SCL 信号为低电平时，SDA 信号电平的高、低可以变化；在 SCL 信号为高电平时，SDA 传送的数据必须保持稳定，以便接收器采样接收。数据传送时序图如图 3.18 所示。

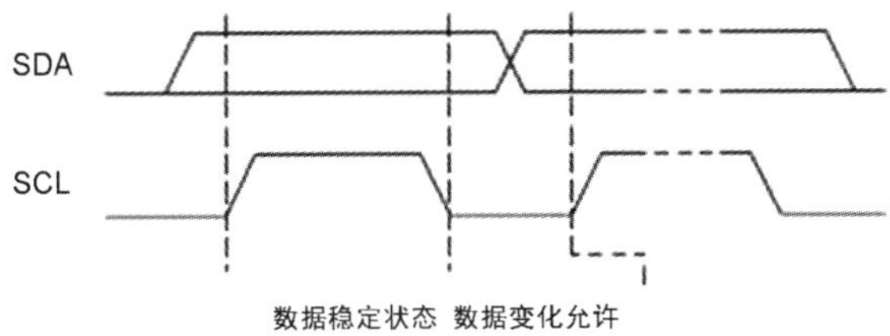

图 3.18 数据传送时序图

发送器发送到 SDA 上的每个字节必须为 8bit，传送时高位在前、低位在后。与之对应，主器件在 SCL 上产生 8 个脉冲；当第 9 个脉冲为低电平时，发送器释放 SDA，接收器把 SDA 拉至低电平，以给出一个接收确认位；当第 9 个脉冲为高电平时，发送器收到这个确认位，开始传送下一个字节，当下一个字节的第一个脉冲为低电平时，接收器释放 SDA。每传送一个字节需要 9 个脉冲，每次传送的字节数是不受限制的。

3）响应

数据传输必须带响应。相关的响应时钟脉冲由主机产生，当主机发送完 1B 数据后，针对 SCL 发出一个时钟认可位（ACK），此时钟内主器件释放 SDA，1B 数据传送结束，而从机的响应信号将 SDA 拉至低电平，使 SDA 在该时钟的高电平期间为稳定的低电平。当从机的响应信号结束后，SDA 返回高电平，进入下一个传送周期。

通常被寻址的接收器在接收到每个字节后必须产生一个响应。当从机不能响应主机发送的从机地址查询时，从机必须使 SDA 保持高电平，随后主机产生一个停止条件终止传输，或者产生重复起始条件开始新的传输。如果从机接收器响应了从机地址但是在传输了一段时间后不能接收更多数据，主机必须再一次终止传输。这种情况用从机在接收第一个字节后没有产生响应来表示。从机使 SDA 保持高电平，主机产生一个结束信号或重复开始信号。完整的数据传送过程如图 3.19 所示。

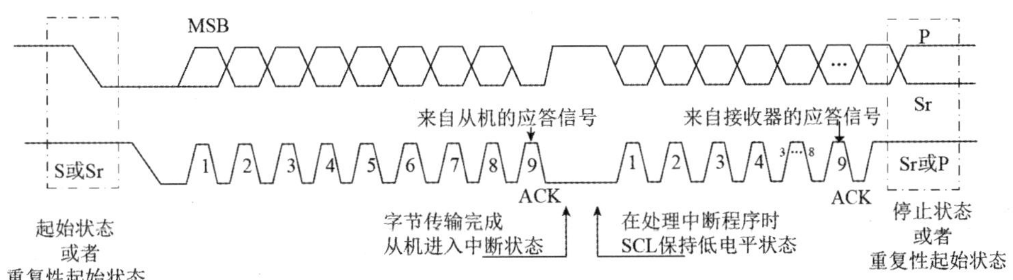

图 3.19 完整的数据传送过程

3.3.2 SPI 总线及数据传输

SPI 接口是 Motorola 公司提出的全双工三线同步串行外围接口，采用主从模式（Master

Slave）架构，支持多从设备模式应用，一般仅支持单主设备。

时钟由主设备控制，在时钟移位脉冲下，数据按位传输，高位在前，低位在后。SPI 接口有两根单向数据线，为全双工通信。目前应用中的数据传输速率每秒可达几兆节。

SPI 接口共有 4 根信号线，即设备选择线（Slave Select，SS）、时钟线（Select Clock，SCLK）、主输入从输出线（Master Input Slave Output，MISO）、主输出从输入线（Master Output Slave Input，MOSI），如图 3.20 所示。

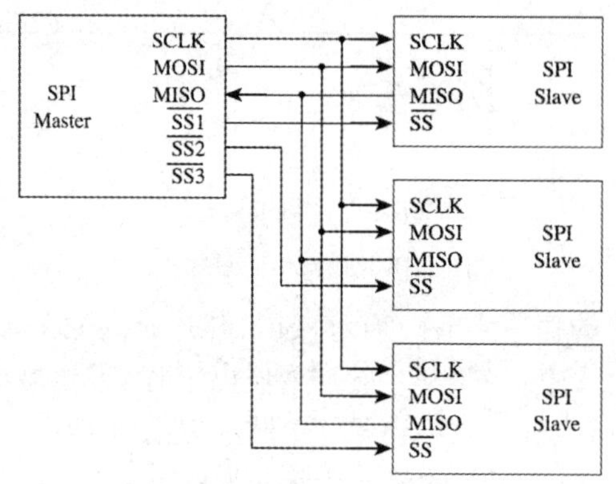

图 3.20　SPI 接口连线图

各信号线功能如下。

（1）SS：传送从机使能信号，由主设备控制。

（2）SCLK：传送时钟信号，由主设备控制。

（3）MISO：输入主机数据，输出从机数据。

（4）MOSI：输出主机数据，输入从机数据。

SPI 总线是单主设备（Single-Master）通信协议，这意味着总线中只有一个中心设备能发起通信。当 SPI 主设备想读/写从设备时，它先拉低从设备对应的 SS 的电平（SS 为低电平有效），然后发送工作脉冲到 SCLK 上，在相应的脉冲时间上，主设备把信号发到 MOSI 实现写操作，同时可对 MISO 采样实现读操作。SPI 时序图如图 3.21 所示。

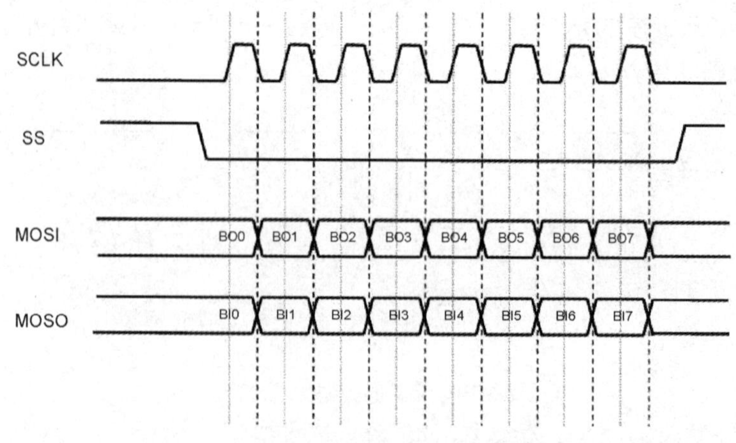

图 3.21　SPI 时序图

SPI 总线有四种操作模式——模式 0、模式 1、模式 2 和模式 3，它们的区别是定义了在时钟脉冲的哪条边沿转换输出信号，在哪条边沿采样输入信号，以及时钟脉冲的稳定电平值（SCL 信号无效时是高电平还是低电平）。每种操作模式由一对参数刻画，它们被称为时钟极（Clock Polarity CPOL）与时钟期（Clock Phase，CPHA）。SPI 总线的四种操作模式如图 3.22 所示。

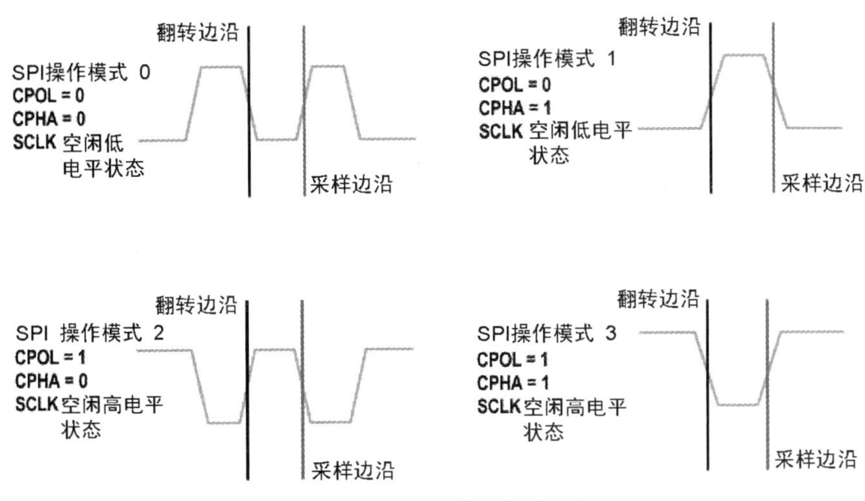

图 3.22　SPI 总线的四种操作模式

主/从设备必须使用相同的工作参数——SCLK、CPOL 和 CPHA，才能正常工作。如果有多个从设备，并且它们使用了不同的工作参数，那么主设备在读写不同从设备期间必须重新配置这些参数。

SPI 总线没有规定最大传输速率，没有地址方案；也没有规定通信应答机制，没有规定流控制规则。事实上，SPI 主设备甚至并不知道指定的从设备是否存在。这些通信控制都需要通过 SPI 总线协议以外自行实现。例如，要用 SPI 总线连接一个命令——响应控制型解码芯片，必须在 SPI 总线的基础上实现更高级的通信协议。SPI 总线并不关心物理接口的电气特性，如信号的标准电压。最初，大多数 SPI 总线实现的是间断性时钟脉冲和以字节为单位的数据传输，但现在有很多变种实现了连续性时间脉冲和任意长度的数据帧的传输。

3.3.3　单总线及数据传输

美国 DALLAS 公司推出的单总线（1-wire Bus）。与 IIC 总线、SPI 总线、PS2 总线不同，单总线采用单根信号线，既可以传输 SCL 信号又可以传输 SDA 信号，而且可以双向传输数据，具有线路简单、成本低、便于扩展和维护等优点。

单总线适用于单主机系统，能够控制一个或多个从机。主机可以是微处理器，从机可以是单总线器件，它们之间的数据交换只通过一根信号线实现。当只有一个从机时，系统按单节点系统操作；当有多个从机时，系统按多节点系统操作。主机或从机通过一个漏极开路或三态接口连接到该信号线，以允许设备在不发送数据时释放总线，以让其他设备使用总线。

单总线电路图如图 3.23 所示。单总线通常要求接一个阻值约为 4.7kΩ 的上拉电阻，这使得当总线空闲时，其状态为高电平。主机和从机之间的通信可以通过三步完成，分别是初始化单总线器件、识别单总线器件、数据交换。由于系统采用的是主从结构，只有主机呼号从

机时，从机才能应答，因此主机在访问单总线器件时必须严格遵循单总线命令序列。如果出现序列混乱，单总线器件将不响应主机。

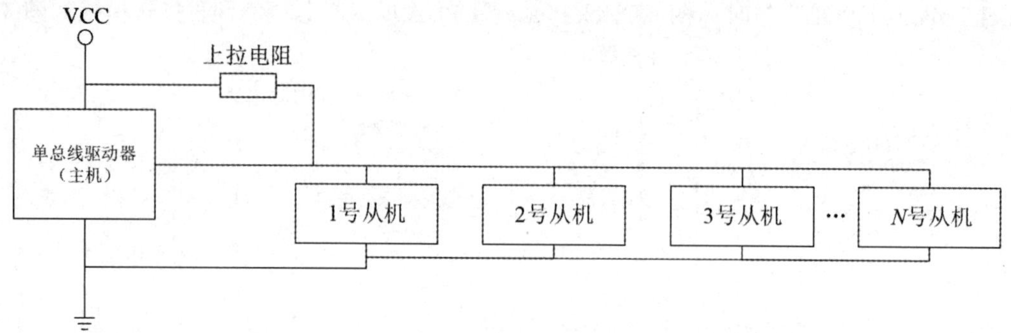

图 3.23　单总线电路图

所有单总线器件要严格遵循通信协议，以保证数据的完整性。单总线协议定义了复位信号、应答信号、写“0”、读“0”、写“1”、读“1”等时序信号类型。所有单总线命令序列都是由这些基本的信号类型组成的。在这些信号中，除了应答信号，其他信号均由主机发出同步信号，并且发送的所有命令和数据都是字节的低位在前。

所有单总线器件的读/写时序至少需要 60μs，且每两个独立的时序间的恢复时间至少需要 1μs。在写时序中，若主机在拉低总线 15μs 内释放总线，则向单总线器件写“1”；若主机拉低总线后能保持至少 60μs，则向总线器件写“0”。单总线器件仅在主机发出读时序时才向主机传输数据，因此当主机向单总线器件发出读数据命令后，必须马上产生读时序，以便单总线器件传输数据。

➢ 设计步骤

根据任务介绍描述的功能，本任务对使用的资源进行如下安排。

以单片机 P0 口为 LCD1602 的数据口，P2 口分别控制 PCF8563 与 LCD1602，P1 口控制 7 个按键。

用 LCD1602 做一个时钟，且该时钟能设置时间和日期。

按键 1：相应值加 1。

按键 2：相应值减 1。

按键 3：更改位加 1。

按键 4：更改位减 1。

按键 5：设置/取消更改。

按键 6：确定更改。

按键 7：设置时间/日期。

默认时间值：日期为 2011-11-11，时间为 11:20:30。

默认先设置日期。

设置的月、日、小时若超出最大设定值，则只能为最大值；若超出最小设定值，则只能为 1。年的设定值为 2000～2099。分与秒只能逐位设置。

电路原理图如图 3.24 所示。

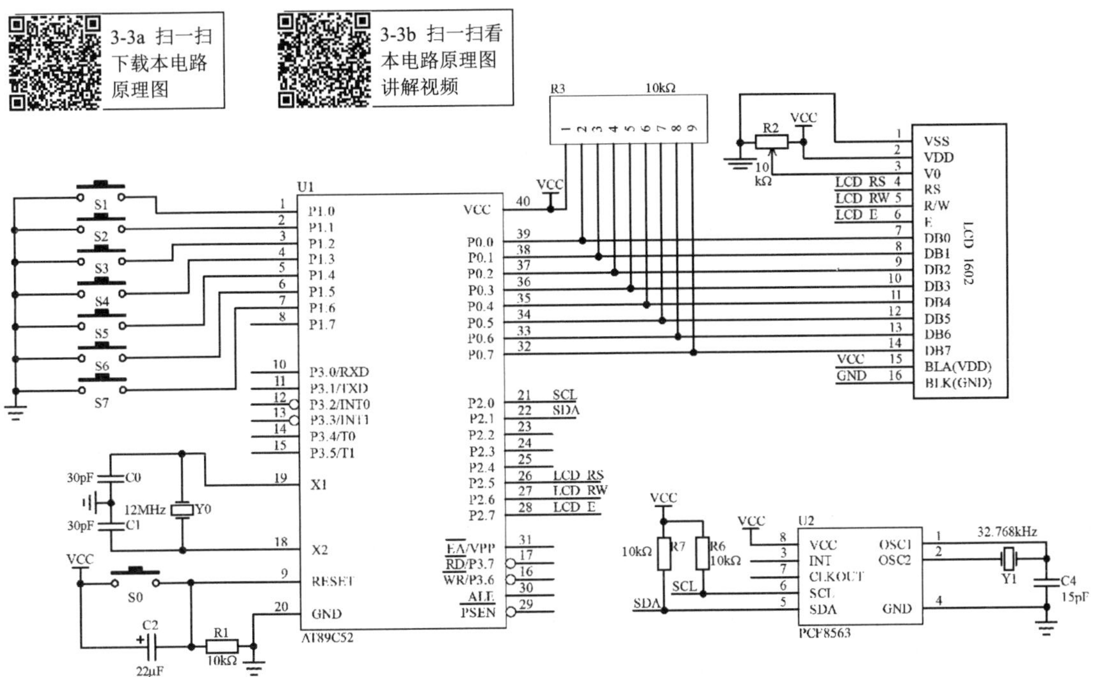

图 3.24　电路原理图

仿真电路图如图 3.25 所示。

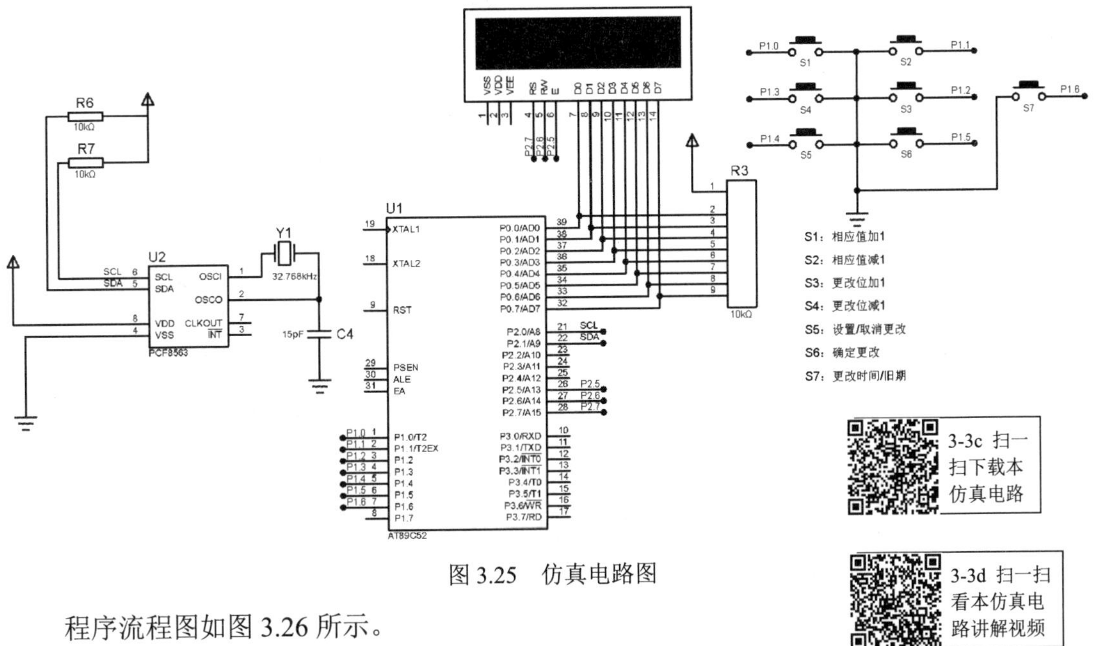

图 3.25　仿真电路图

程序流程图如图 3.26 所示。

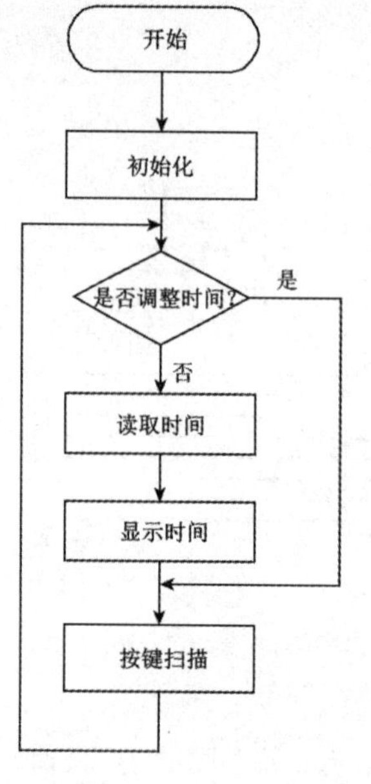

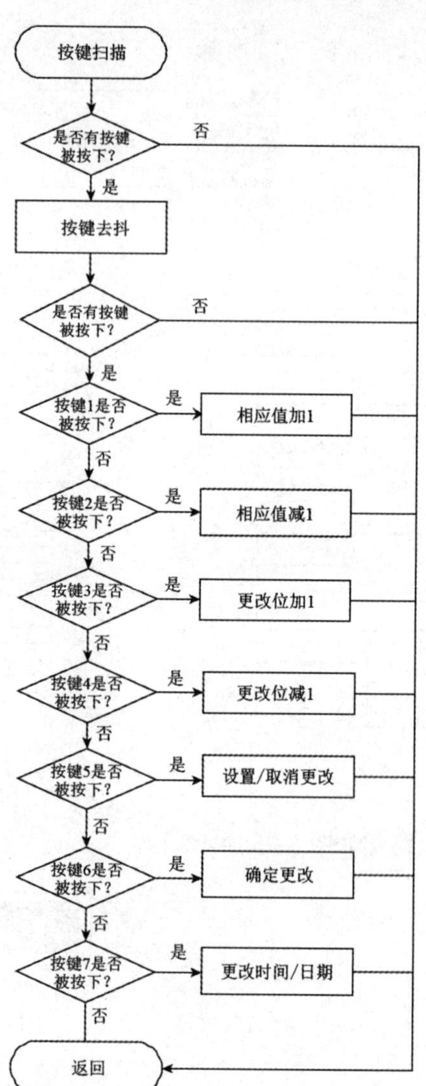

图3.26　程序流程图

（4）源代码请扫二维码下载后阅览。

3-3e 扫一扫下载本程序源代码

➢ 应用测试

电子万年历是许多电子爱好者喜欢做的一个项目，在网上能找到类似的电子产品。读者在完成本任务后能否自信地说自己开发的电子万年历不比网上卖的相同产品功能差呢？我想大多数读者都不敢说自己开发的电子万年历最好，具体考虑如下几点。

（1）功能：能否做到实用和可用？标准是易于操作、功能完善。

（2）性能：能否做到稳定耐用？标准是反复使用不会坏、长时间工作不出问题。

（3）成本：能否做到比其他产品成本低？对本任务完成的产品进行估价，计算总成本，考虑如何降低成本。

针对该电子万年历测试，应当关注按键操作的效果与可靠性方面，同时要测试闰年显示是否正确。

项目4

微小型电动机项目制作：直流电动机、步进电动机、舵机控制

在单片机开发中，动作控制十分常见，而完成动作的功能一般是由电动机实现的。在学习完单片机的人机交互模块后，读者应了解动作控制的设计过程。

在电子产品中，常用的电动机包括直流电动机、步进电动机和舵机。由于单片机控制的大多数电动机属于小功率电动机，因此本项目主要讲解微小型电动机的应用。

本项目将介绍直流电动机、步进电动机和舵机的相关知识点，包括三个任务，分别是直流电动机控制、步进电动机控制和多电动机综合控制。

4-0 扫一扫看本项目教学课件

在每个任务的知识导入中，将会介绍与项目相关的电动机的知识点，以及 PWM 和 PID 控制的方法等。

➢任务4.1：直流电动机控制

- 控制直流电动机加速、减速、转动方向、启停。

➢任务4.2：步进电动机控制

- 控制步进电动机加速、减速、转动方向、启停。

➢任务4.3：多电动机综合控制

- 控制直流电动机、步进电动机、舵机的运转，用按键手动控制它们的启停、转动方向、转速等。

任务 4.1　直流电动机控制设计

➢ 任务介绍

本任务完成对直流电动机的控制，能够控制直流电动机加速、减速、转动方向、启停等。本任务的学习重点是掌握直流电动机的 H 桥驱动电路控制。

➢ 知识导入

4.1.1　直流电动机

直流电动机是电动机的主要类型之一，是一种将直流电能转换成机械能的旋转电动机。直流电动机由于具有良好的调速性能，在许多对调速性能有较高要求的场合得到广泛使用。直流电动机实物图如图 4.1 所示。

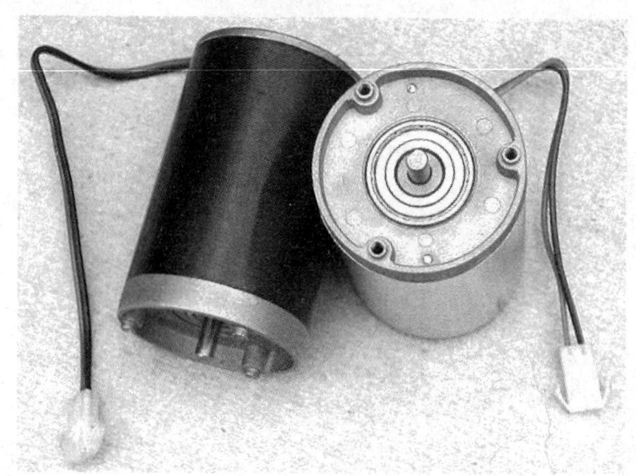

图 4.1　直流电动机实物图

直流电动机使用外部直流电源供电，直流电流经电刷换向器被引向电枢绕组，电流与 N 极、S 极产生的磁场互相作用，产生转矩，驱动转子与连接在电动机上的机械负载工作。直流电动机的参数有以下几个。

（1）额定功率：直流电动机在额定状态下工作时的输出功率。

（2）额定电压：直流电动机在额定状态下工作时输出的线性电压。

（3）额定电流：直流电动机在额定电压和额定功率下工作时的电流。

（4）额定转速：直流电动机在额定状态下运行时的转子转速。

4.1.2　PWM 调速原理

单片机在应用于工业控制等方面时，经常要对电流、电压、温度、位移、转速等模拟量进行控制，如实现恒流、恒压、恒温、恒速等。单片机一般对采集到的模拟量数据进行运算和处理，根据设计要求对输出进行 PWM（Pulse Width Modulation，脉冲宽度调制），达到恒流、恒压、恒温、恒速的目的。下面介绍单片机 PWM 功能的实现方法及原理，并分析各种方法的优缺点。

PWM 波形最重要的三个参数是周期、频率和占空比，示意图如图 4.2 所示。

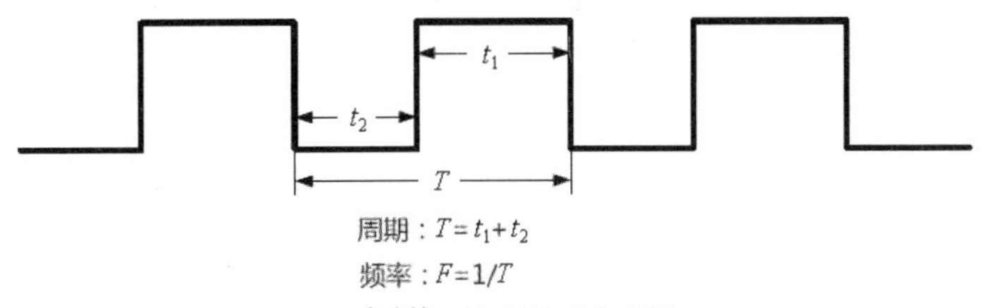

图 4.2 PWM 波形示意图

单片机的 PWM 功能可以通过 PWM 模块、程序模拟、定时器/计数器模拟、外置硬件电路等方法实现。

1）用 PWM 模块实现 PWM 功能

内置 PWM 模块的单片机只需要在设置好 PWM 的频率、分辨率等参数后启动，并将占空比写入指定寄存器，即可实现 PWM 功能，程序流程示意图如图 4.3 所示。

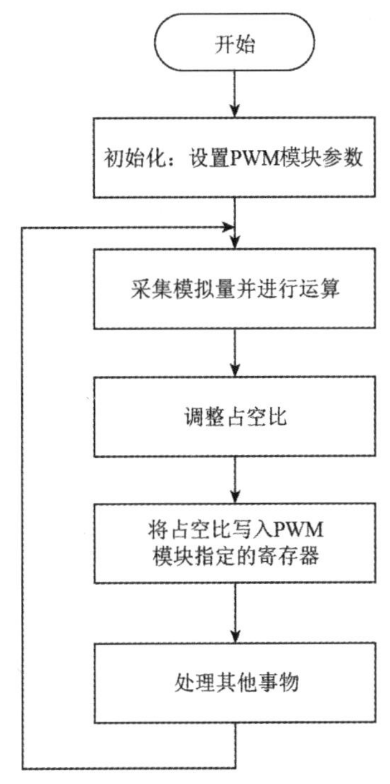

图 4.3 程序流程示意图

用 PWM 模块实现 PWM 功能的优点是控制简单、控制程序短、程序用于处理 PWM 功能需要的时间短；缺点是输出口必须是单片机内置 PWM 模块指定的输出口，不能任意改变，若要同时实现多路 PWM 功能，则会受单片机内置 PWM 模块的硬件资源限制。

2）用程序模拟实现多路 PWM 功能

用单片机一个定时器/计数器产生 PWM 公共时基，将该时基与各路 PWM 要求的占空比进行实时比较，当 PWM 公共时基小于或等于占空比时，对应输出口输出“1”；否则，输出“0”。以模拟 4 路 8 位 PWM 功能为例进行介绍。设 PWM 公共时基存储在 TIMER 变量中，各路占空比存储在 P1、P2、P3、P4 四个变量中，PWM 输出分别为 OUT1、OUT2、OUT3、

OUT4（对 I/O 口进行定义，如将 P1.0 口定义为 OUT1），将 T0 作为计时工具。主程序和中断程序流程示意图如图 4.4 所示。

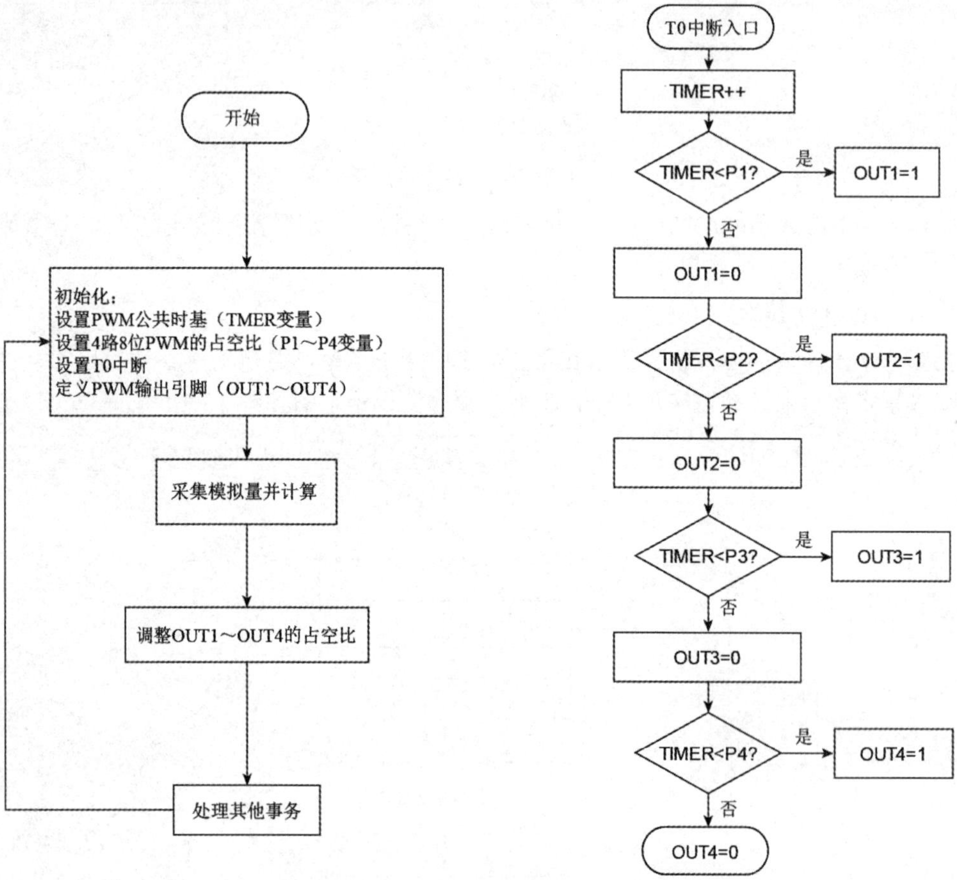

图 4.4　主程序和中断程序流程示意图

若要模拟 4 路 8 位 100Hz 的 PWM，定时中断设置延时应为$(1/100)/2^8 \approx 40\mu s$，要选择频率较高的晶振，以确保中断处理所需时间远小于中断设置延时时间，让单片机有足够的时间执行主程序。这种方法的优点是仅用一个定时器/计数器就能实现多路 PWM 功能，不需要特别指定 I/O 口。由于在中断处理过程中要处理的程序量大，无法提高 PWM 的频率，所以 PWM 的分辨率也不宜大于 8bit。当 PWM 的分辨率大于 8bit 时，各路占空比和时基都要用两个字节存储，中断处理过程必须比较双字节数的大小，因此程序处理时间会大大加长。由于单片机的最高时钟频率是有限的，因此会大大影响 PWM 频率。同理，如果要提高 PWM 的频率，势必也会影响 PWM 的分辨率。因此，只有当模拟的 PWM 的频率和分辨率都要求不高，同时要模拟多路 PWM 功能时，才可以用程序模拟实现多路 PWM 功能。

4.1.3　直流电动机驱动模块

H 桥驱动电路是为有刷直流电动机设计的一种电路，主要用于实现直流电动机的正/反向驱动，其典型电路形式如图 4.5 所示。

图 4.5 所示的电路形状类似于字母“H”，而作为负载的直流电动机像“桥”一样架在上

面，所以称之为“H 桥驱动电路”。开关 A、开关 B、开关 C、开关 D 所在支路称为“桥臂”。从图 4.5 中不难看出，当开关 A、开关 D 闭合时，直流电动机为一种转动方向；当开关 B、开关 C 闭合时，直流电动机将为另一种转动方向，实现了直流电动机的正/反向驱动。

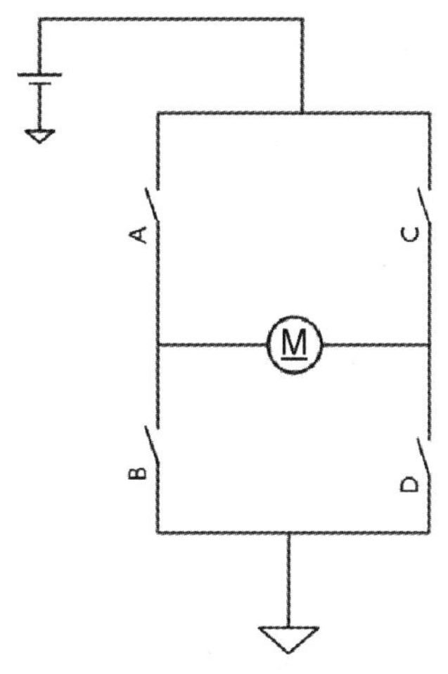

图 4.5　H 桥驱动电路的典型电路形式

借助 4 个开关还可以实现直流电动机如下两种工作状态。

（1）刹车——将开关 B、开关 D（或开关 A、开关 C）接通，直流电动机惯性转动产生的电势将被短路，形成阻碍运动的反电势，形成刹车。

（2）惰行——将 4 个开关全部断开，直流电动机惯性产生的电势将无法形成电路，从而不会产生阻碍运动的反电势，直流电动机将靠惯性转动较长时间。

上文只是从原理上描述了 H 桥驱动电路，在实际应用中很少用开关构成桥臂，通常使用三极管或 MOS 管构成桥臂。晶体管构成的 H 桥驱动电路如图 4.6 所示；MOS 管构成的 H 桥驱动电路如图 4.7 所示。

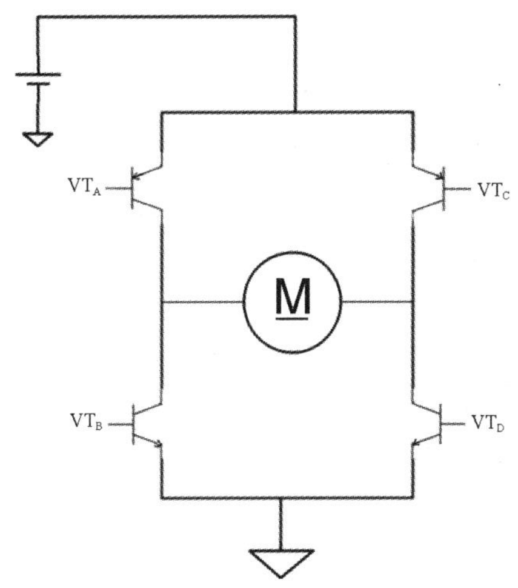

图 4.6　晶体管构成的 H 桥驱动电路

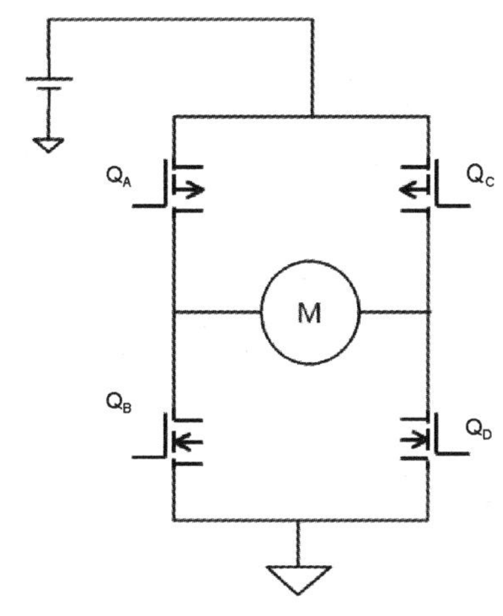

图 4.7　MOS 管构成的 H 桥驱动电路

H 桥驱动电路的性能差异主要包含如下几方面。

（1）效率：将输入的能量尽量多地输出给负载，驱动电路自身最好不消耗或少消耗能量，具体到 H 桥驱动电路上就是 4 个桥臂在导通时最好没有压降或压降越小越好。

（2）安全性：同侧桥臂不能同时导通。

（3）电压：能够承受的驱动电压。

（4）电流：能够通过的驱动电流。

安全性不是 H 桥驱动电路自身的问题，而是控制部分要考虑的问题。效率是由不同器件的性能决定的，而且是运行过程中最值得关注的指标，因为它直接影响电动机的效率。因此，分析的重点应放在效率上，也就是分析的重点应放在桥臂的压降上。

下面分析三种 H 桥驱动电路的性能指标。假设 H 桥驱动电路的驱动电流为 2A，驱动电

压为5～12V。三种H桥驱动电路使用的器件如下。

（1）双极性晶体管——D772、D882。

（2）MOS管——2301、2302。

（3）集成H桥电路芯片——L298。

D772的压降指标如表4.1所示。

表4.1　D772的压降指标

参数名称	符号	测试条件	值/V
发射结饱和电压	$V_{CE}(sat)$	I_C=−2A，I_B=−0.2A	−0.5

D882的压降指标如表4.2所示。

表4.2　D882的压降指标

参数名称	符号	测试条件	值/V
发射结饱和电压	$V_{CE}(sat)$	I_C=2A，I_B=0.2A	0.5

2301的压降指标如表4.3所示。

表4.3　2301的压降指标

参数名称	符号	测试条件	最小值/Ω	最大值/Ω
导通电阻	$r_{DS}(on)$	V_{GS}=−4.5V，I_D=−2.8A	0.093	0.130
		V_{GS}=−2.5V，I_D=−2.0A	0.140	0.190

因为MOS管是以导通电阻来衡量的，需要进行换算，按照控制电压为4.5V进行估算，按表4.3中的导通电阻计算，电流为2A时的压降最小值为2×0.093=0.186V；最大值为2×0.13=0.26V。

2302的压降指标如表4.4所示。

表4.4　2302的压降指标

参数名称	符号	测试条件	最小值/Ω	最大值/Ω
导通电阻	$r_{DS}(on)$	V_{GS}=4.5V，I_D=3.6A	0.045	0.060
		V_{GS}=2.5V，I_D=3.1A	0.070	0.115

若控制电压为4.5V（电池电压），按表4.4中的导通电阻进行估算，电流为2A时的压降最小值为2×0.045=0.09V，最大值为2×0.06 = 0.12V。

L298的压降指标如表4.5所示，表中的I_L为流入L298的电流。

表4.5　L298的压降指标

参数名称	符号	测试条件	最小值/V	推荐值/V	最大值/V
源端饱和电压	$V_{CE}sat(H)$	I_L=1A	0.95	1.35	1.7
		I_L=2A		2	2.7
吸收端饱和电压	$V_{CE}sat(L)$	I_L=1A	0.85	1.2	1.6
		I_L=2A		1.7	2.3
总压差	$V_{CE}sat$	I_L=1A	1.80	—	3.2
		I_L=2A			4.9

表 4.5 中的第一行为上桥臂的压降，对应 D772、2301，第二行为下桥臂的压降，对应 D882、2302，第三行为两者之和。

通过分析可知，三种 H 桥驱动电路中的器件消耗的功率如下。

（1）D772 和 D882 消耗的功率为(0.5+0.5)×2=2 W。

（2）2301 和 2302 消耗的功率为(0.26+0.12)×2=0.76 W。

（3）L298 消耗的功率为 4.9×2=9.8 W。

以驱动一个额定电压为 4.5V、额定电流为 2A 的直流电动机为例进行计算。

（1）直流电动机的功率为 4.5×2=9W。

（2）若使用 D772、D882，则需要供电电压为 5.5V，效率为 9/(5.5×2)≈81%。

（3）若使用 2301、2302，则需要供电电压为 4.88V，效率为 9/(4.88×2)≈92%。

（4）若使用 L298，则需要供电电压为 9.4V，效率为 9/(9.4×2)≈47%。

根据这组数据可以得出三种 H 桥驱动电路的散热需求及其外形差异的原因。

➢ 设计步骤

根据任务介绍的功能描述，做如下安排。

（1）按键 1：直流电动机加速。

（2）按键 2：直流电动机减速。

（3）按键 3：直流电动机选择转动方向。

（4）按键 4：直流电动机暂停/继续。

（5）按键 5：直流电动机停止/运行。

使用 P1 口完成 5 个按键功能，使用 P2 口控制直流电动机，使用三极管构成的 H 桥电路驱动直流电动机工作。

（1）电路原理图如图 4.8 所示。

4-1b 扫一扫看本电路原理图讲解视频

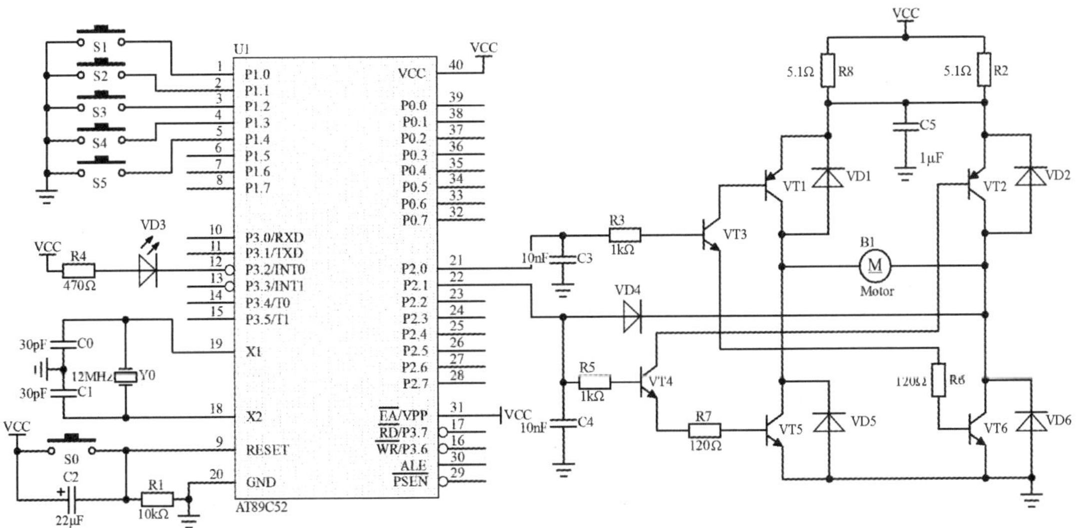

图 4.8　电路原理图

（2）仿真电路图如图4.9所示。

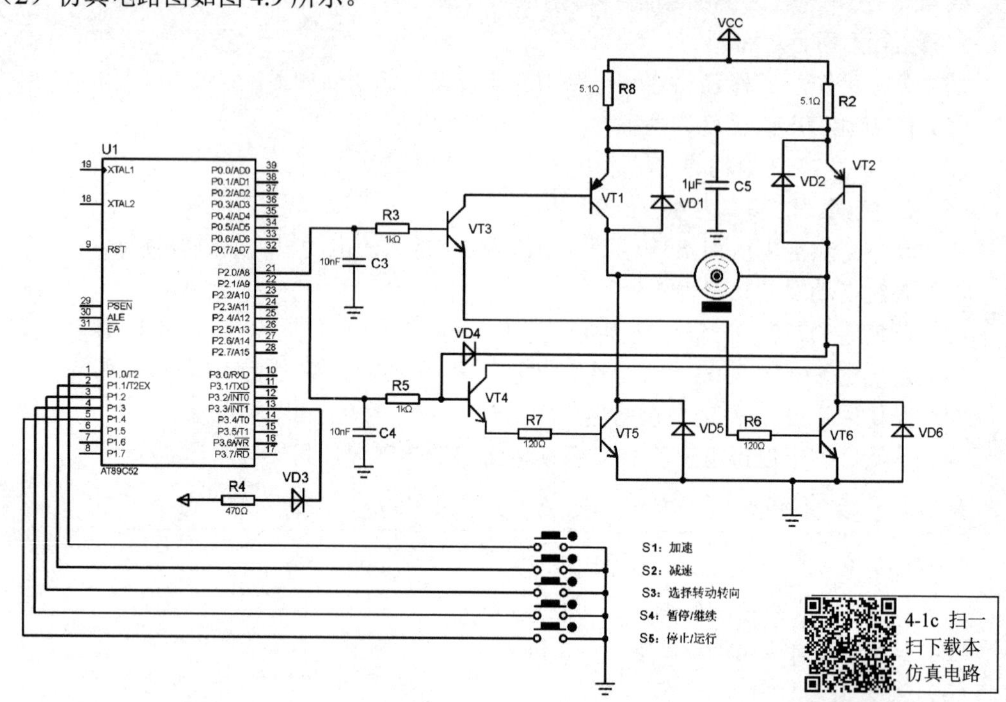

4-1c 扫一扫下载本仿真电路

图4.9 仿真电路图

4-1d 扫一扫看本仿真电路讲解视频

（3）程序流程图如图4.10所示。

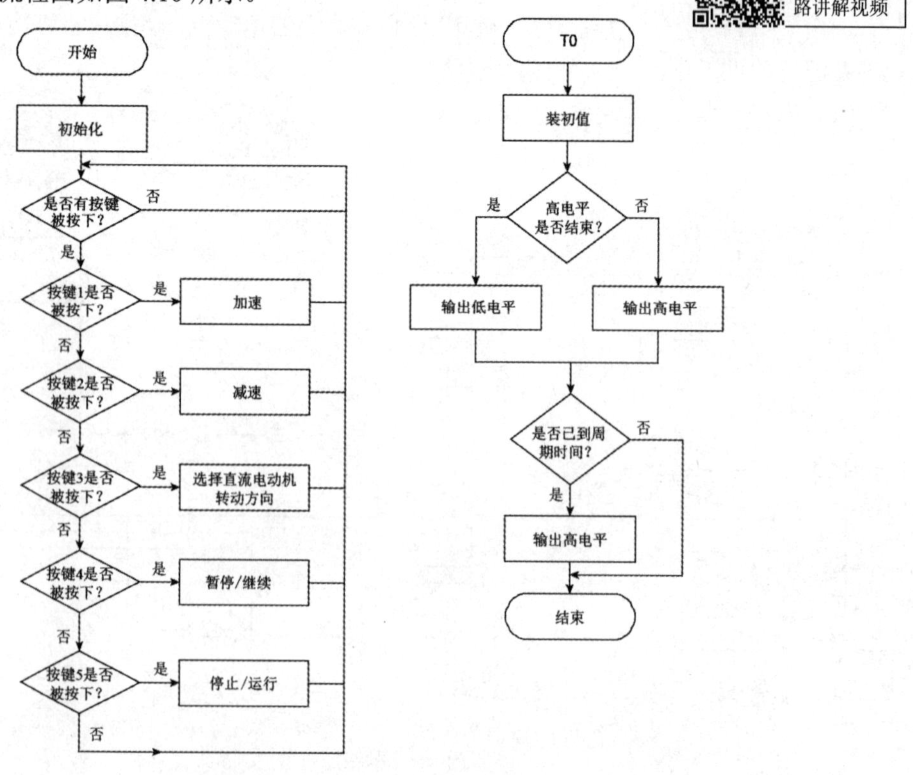

图4.10 程序流程图

（4）源代码请扫二维码下载后阅览。

➢ 应用测试

直流电动机控制系统项目的测试应集中在对电动机的控制效果方面，包括以下几点。

（1）正反转的控制灵活性：能否随时切换。

（2）电动机转速的控制效果：能否达到很好的速度调控。

（3）对电动机驱动电路的理解和应用：系统能否在电动机过载时稳定工作。

（4）人机接口的设计：能否控制驱动电路电源，能否显示转速，能否显示各种控制状态。

（5）能否同时控制多个电动机工作。

➢ 技能拓展　PID 算法

在自动控制技术的发展过程中，PID 控制器是历史悠久、生命力较强的基本控制装置。除在情况较简单时采用开关控制外，PID 控制器基本占据了主导地位。PID 控制器具有原理简单、应用方便、适应性强、健壮性强等优点。

一个 PID 控制回路包括以下三部分。

（1）系统传感器：用于采集测量结果。

（2）控制器：用于做出决定。

（3）输出设备：用于做出反应。

控制器先通过传感器得到测量结果，然后用需求结果减去测量结果得到误差，进而计算出系统纠正值，该值用来作为输入，以便系统从它的输出结果中消除误差。

PID 一般包含比例控制、积分控制和导数控制三个控制单位，下面分别介绍这三个控制单元。

1）比例控制

比例控制又称对当前状态的控制。误差值和常数 P（表示比例）相乘，所得值和预定的值相加。比例控制只是在控制器的输出和系统的误差成比例时成立。例如，一个电热器的控制器的比例是 10℃，它的预定值是 20℃。那么在 10℃时电热器会输出 100%的能量来快速加热（按照 $\frac{20℃-10℃}{10℃}\times100\%=100\%$ 计算），在 15℃时电热器会输出 50%的能量来加热（按照 $\frac{20℃-15℃}{10℃}\times100\%=50\%$ 计算），在 19℃时电热器会输出 10%的能量来加热（按照 $\frac{20℃-19℃}{10℃}\times100\%=10\%$ 计算）。比例控制不能消除稳态误差，比例放大系数的加大，会引起系统不稳定。比例控制显示了比例控制输出曲线与目标曲线无关，该目标曲线与比例控制系数紧密相关。比例控制阶跃响应如图 4.11 所示。

2）积分控制

积分控制又称对过去状态的控制。误差值是过去一段时间的误差和乘以常数 I 后和预定值相加得到的。积分控制是根据过去的平均误差值得到系统的输出结果和预定值的平均误差。一个简单的比例控制系统会产生振荡，会在预定值附近来回变化，因为系统无法消除多余的纠正。系统通过加上一个负的平均误差比例值，减小平均误差值。因此，系统最终会稳定在预定值。

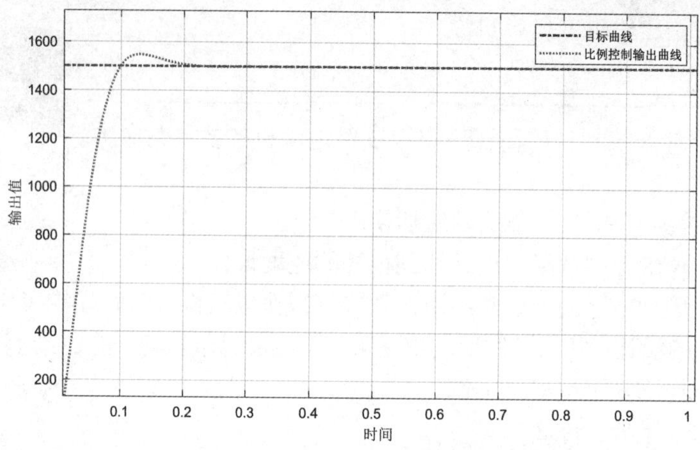

图 4.11　比例控制阶跃响应

积分控制和比例控制一起使用，称为比例积分控制器，使系统在进入稳态后无稳态误差。若单独用积分控制，则因积分输出随时间积累逐渐增大，系统调节动作缓慢，调节不及时，系统的稳定裕度下降。

积分控制和比例积分控制阶跃响应如图 4.12 所示。

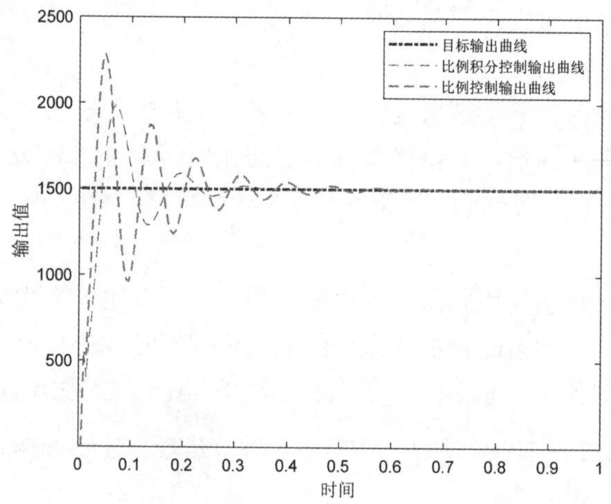

图 4.12　积分控制和比例积分控制阶跃响应

3）导数控制

导数控制又称对未来状态的控制。计算误差的一阶导数，乘以常数 *D*，最后和预定值相加。导数结果越大，控制系统对输出结果做出反应越快。实际上，一些运行速度缓慢的系统可以不需要 *D* 参数。

比例控制和比例微分控制阶跃响应如图 4.13 所示。

图 4.13 显示了单独的比例控制与比例微分控制下的控制效果，控制效果与所设置的比例、微分参数密切相关。

比例积分控制比比例控制少了稳态误差，PID 控制比比例积分控制反应速度快并且没有过冲。在应用 PID 控制时，必须适当地调整比例放大系数、积分时间、微分时间，以使整个控制系统有良好的性能。

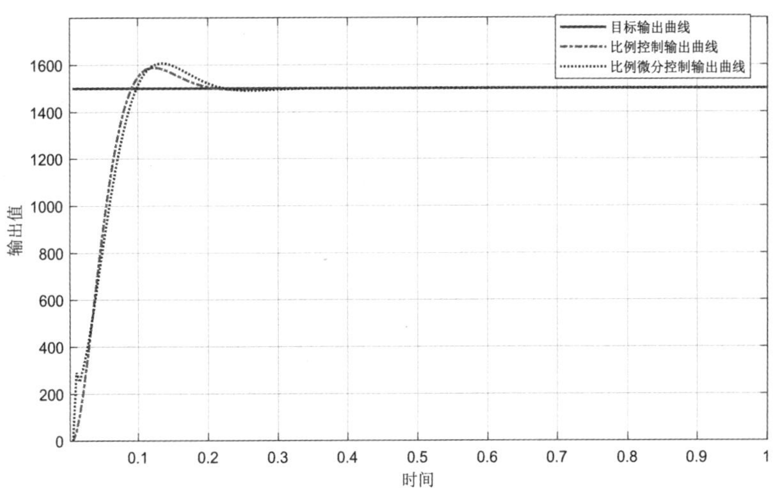

图 4.13　比例控制和比例微分控制阶跃响应

下面讨论单片机的 PID 控制算法实现方法。在由 51 单片机组成的数字控制系统中，PID 控制器是通过 PID 控制算法实现的。51 单片机通过 A/D 模块对信号进行采集，进行 PID 运算，再通过 D/A 模块把控制量反馈给控制源。单片机常用的 PID 控制算法有两种：位置式 PID 控制算法和增量式 PID 控制算法。

（1）位置式 PID 控制算法示意图如图 4.14 所示。

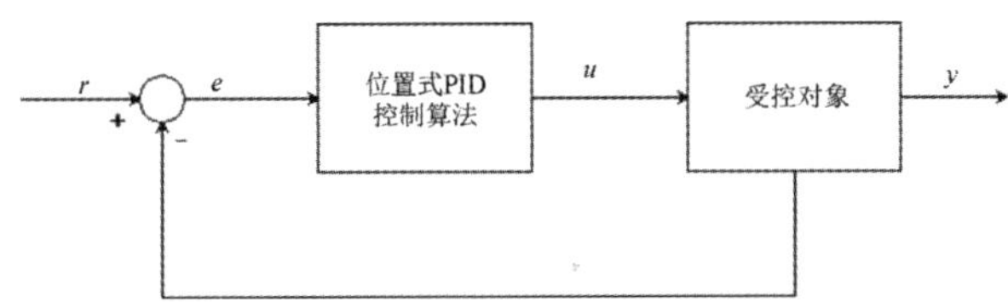

图 4.14　位置式 PID 控制算法示意图

在图 4.14 中，e 为输入参数 r 与受控对象的反馈差；u 为位置式 PID 控制算法的输出参数，用于控制受控对象；y 为受控对象观测参数。位置式 PID 控制算法公式如下所示，该公式是位置式 PID 控制算法的数字化实现，可用于实现单片机编程。

$$u(n)=K_{\mathrm{P}}e(n)+K_{\mathrm{I}}\sum_{k=0}^{\infty}e(k)+K_{\mathrm{D}}\left(e(n)-e(n-1)\right)$$

式中，$K_{\mathrm{I}}=\dfrac{K_{\mathrm{P}}T}{T_{\mathrm{I}}}$；$K_{\mathrm{D}}=\dfrac{K_{\mathrm{P}}T_{\mathrm{D}}}{T}$；$u(n)$为第 k 个采样时刻控制算法的输出；K_{P} 为比例放大系数；K_{I} 为积分放大系数；K_{D} 为微分放大系数；T 为采样周期。

当采样周期足够短时，近似计算可以获得足够精确的结果。上式表示的控制算法是直接按 PID 控制规律的定义进行计算的，它给出了全部控制量的大小，因此又被称为全量式 PID 控制算法。该算法有如下缺点。

①由于是全量输出，因此每次输出均与过去状态有关，计算时要对 $e(k)$（k=0,1,⋯, n）进行累加。

②计算机输出的 $u(n)$对应的是执行机构的实际位置，如果计算机出现故障，那么输出 $u(n)$

将大幅度变化，从而导致执行机构大幅度变化，因此有可能产生严重的生产事故，这在实际生产中是不允许的。

下面是位置式 PID 控制算法的 C51 程序，具体的 PID 参数需要由具体对象通过实验确定。考虑到单片机的处理速度和资源限制，一般不采用浮点数运算，而将所有参数用整数表示，运算到最后再除以 2^N（相当于移位），做类似浮点数运算。以下程序只是一般常用位置式 PID 控制算法的基本架构，不包含 I/O 处理部分。

```
/*========================================*/
#include <reg52.h>
#include <string.h>                    //C 语言中的 memset 函数头文件
/*====================
PID 函数
PID（比例、积分、微分）常用函数
===================================*/
typedef struct PID {
double SetPoint;                       // 设定目标
double Proportion;                     // 比例常数
double Integral;                       // 积分常数
double Derivative;                     // 微分常数
double LastError;                      // E[-1]

double PrevError;                      // E[-2]
double SumError;                       // 误差累加
} PID;
/*==================
PID 计算部分
=================================*/
double PIDCalc( PID *pp, double NextPoint )
{
double dError, Error;
Error = pp->SetPoint - NextPoint;  // 偏差
pp->SumError += Error;                 // 积分
dError = Error - pp->LastError;        // 当前微分
pp->PrevError = pp->LastError;
pp->LastError = Error;
return (pp->Proportion * Error         // 比例项
+ pp->Integral * pp->SumError          // 积分项
+ pp->Derivative * dError              // 微分项
);
}
/*============================
PID 参数初始化
==============================*/
void PIDInit (PID *pp)
{
memset ( pp,0,sizeof(PID));
```

```
}
/*==================================
主程序
==================================*
double sensor (void)                    // 空的传感器函数
{
return 100.0;
}
void actuator(double rDelta)            // 空的执行函数
{}
void main(void)
{
PID sPID;                               // PID 控制结构体
double rOut;                            // PID 响应（输出）
double rIn;                             // PID 反馈（输入）
PIDInit ( &sPID );                      // 初始化结构体
sPID.Proportion = 0.5;
sPID.Integral = 0.5;
sPID.Derivative = 0.0;
sPID.SetPoint = 100.0;                  // 设置 PID 工作点
for (;;) {                              // PID 计算
rIn = sensor ();                        // 读取输入
rOut = PIDCalc ( &sPID,rIn );           // 执行 PID 迭代函数
actuator ( rOut );                      // 输出执行
}
```

（2）增量式 PID 控制算法示意图如图 4.15 所示。

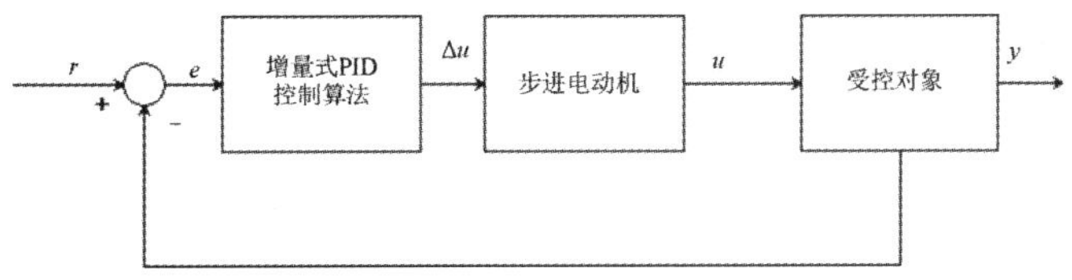

图 4.15　增量式 PID 控制算法示意图

当执行机构需要的不是控制量的绝对值，而是控制量的增量（如驱动步进电动机）时，需要用增量式 PID 控制算法。图 4.15 采用增量式 PID 控制算法控制步进电动机，其中，e 为输入参数 r 与受控对象的反馈差；Δu 为增量式 PID 控制算法的输出结果，用于控制步进电动机；u 步进电动机输出参数，用于控制受控对象；y 为受控对象观测参数。图 4.15 中的增量式 PID 控制算法公式如下所示，该公式是增量式 PID 控制算法的数字化实现，可用于实现单片机编程。

$$
\begin{aligned}
\Delta U_k = U_k - U_{k-1} &= K_{\mathrm{P}}\left(e_k - e_{k-1} + \frac{T}{T_{\mathrm{I}}}e_k + T_{\mathrm{D}}\frac{e_k - 2e_{k-1} + e_{k-2}}{T}\right) \\
&= K_{\mathrm{P}}\left(1 + \frac{T}{T_{\mathrm{I}}} + \frac{T_{\mathrm{D}}}{T}\right)e_k - K_{\mathrm{P}}\left(1 + \frac{2T_{\mathrm{D}}}{T}\right)e_k + K_{\mathrm{P}}\frac{T_{\mathrm{D}}}{T}e_{k-2} \\
&= Ae_k - Be_{k-1} + Ce_{k-2}
\end{aligned}
$$

式中，$A=K_P\left(1+\frac{T}{T_I}+\frac{T_D}{T}\right)$；$B=K_P\left(1+\frac{2T_D}{T}\right)$；$C=K_P\frac{T_D}{T}$。

由上式可以看出，如果计算机控制系统采用恒定的采样周期 T，A、B、C 一旦确定，只要使用前后三次测量的偏差值，就可以由上式求出控制量。

与位置式 PID 控制算法相比，增量式 PID 控制算法计算量小得多，因此在实际应用中得到了广泛应用。位置式 PID 控制算法也可以通过增量式 PID 控制算法推出计算公式：

$$u_k = u_{k-1} + \Delta u$$

下面的程序就是目前在控制系统中被广泛应用的增量式 PID 控制算法。

```
/*==================== =======*/
typedef struct PID
{
int SetPoint;                                //设定目标
long SumError;                               //误差累计
double Proportion;                           //比例常数
double Integral;                             //积分常数
double Derivative;                           //微分常数
int LastError;                               //E[-1]
int PrevError;                               //E[-2]
} PID;

static PID sPID;
static PID *sptr = &sPID;
/*==========================================================
PID 参数初始化
============*/
void IncPIDInit(void)
{
sptr->SumError = 0;
sptr->LastError = 0;                         //E[-1]
sptr->PrevError = 0;                         //E[-2]
sptr->Proportion = 0;                        //比例常数
sptr->Integral = 0;                          //积分常数
sptr->Derivative = 0;                        //微分常数
sptr->SetPoint = 0;
}

/*==========================================================
增量式 PID 计算部分
==============*/
int IncPIDCalc(int NextPoint)
{
register int iError, iIncpid;                //当前误差
iError = sptr->SetPoint - NextPoint;         //增量计算
iIncpid = sptr->Proportion * iError          //E[k]项
```

```
    - sptr->Integral * sptr->LastError      //E[k-1]项
    + sptr->Derivative * sptr->PrevError;   //E[k-2]项
    sptr->PrevError = sptr->LastError;      //存储误差，用于下次计算
    sptr->LastError = iError;               //返回增量值
    return(iIncpid);
    }
```

任务 4.2 步进电动机控制设计

➢ 任务介绍

本任务完成对步进电动机的控制，包括控制步进电动机加速、减速、转动方向、启停等。

➢ 知识导入

4.2.1 步进电动机

步进电动机是一种将电脉冲信号转换成机械位移的机电执行元件。通过控制施加在电动机线圈上的电脉冲顺序、频率和数量，可以实现对步进电动机的转动方向、速度和旋转角度的控制。步进电动机实物图如图 4.16 所示。

图 4.16 步进电动机实物图

步进电动机可分为单段式结构的混合式步进电动机、磁阻式步进电动机、爪极结构的永磁式步进电动机三类。混合式步进电动机和磁阻式步进电动机主要作为高分辨率电动机；永磁式步进电动机价格便宜，性能指标不高。由于混合式步进电动机具有控制功率小、运行平稳性较好的特点，因此逐步处于主导地位，典型产品有二相八极 50 齿的步进电动机、五相十极 50 齿的步进电动机和一些转子为 100 齿的二相与五相步进电动机，五相步进电动机主要用于对运行性能有较高要求的场合。

步进电动机在计算机外围设备中可取代小型直流电动机，提高了外围设备的性能，促进了步进电动机的发展。同时，微型计算机和数字控制技术的发展将作为数控系统执行部件的步进电动机推广到其他领域，如电加工机床、小功率机械加工机床、测量仪器、光学和医疗仪器及包装机械等。

用图 4.17 来描述步进电动机的工作原理。在图 4.17（a）中，A 相通电，由于定子与转子齿对齐，没有产生磁场切向力，因此转子不会转动。在图 4.17（b）中，B 相通电，由于定子与转子齿有错位，产生磁场切向力，根据励磁磁通总是沿着磁阻最小路径通过的原理，磁场切向力会迫使转子向 B 相定子方向旋转，最终与 B 相定子对齐[见图 4.17（c）]。按照一定规则变换通电相，可实现转子按照既定要求旋转。

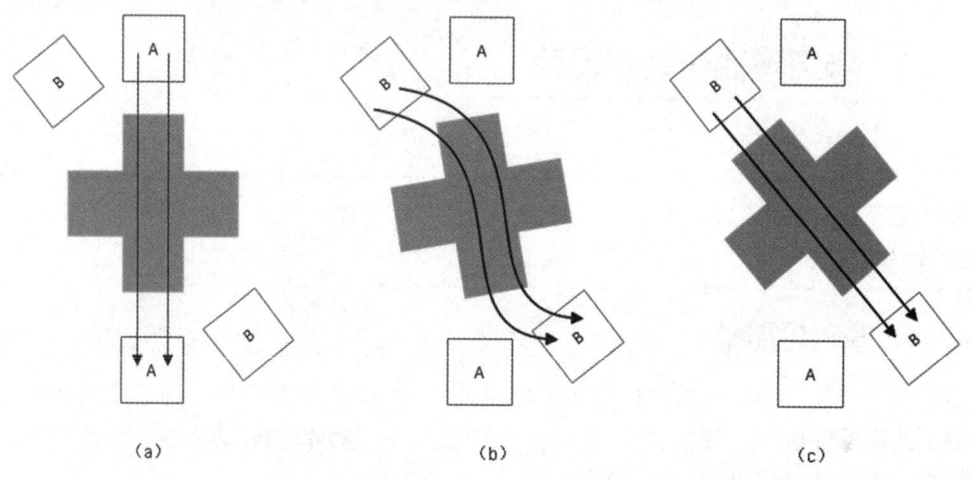

图 4.17　步进电动机的工作原理图

步进电动机的通电方式（以三相步进电动机为例）有如下几种。

（1）单相通电方式："单"指每次电动机绕组切换极性前后只有一相绕组通电。

正转：当通电方式为 A—B—C—A 时，转子按顺时针方向转动。

反转：当通电方式为 A—C—B—A 时，转子按逆时针方向转动。

（2）单双拍通电方式：单、双两种通电方式的组合应用。

正转：当通电方式为 A—AB—B—BC—C—CA—A 时，转子按顺时针方向转动。

反转：当通电方式为 A—AC—C—CB—B—BA—A 时，转子按逆时针方向转动。

对于三相反应式步进电动机，其运行方式有单三拍、单双拍及双三拍等通电方式。

单双拍中的"单"是指每次电动机绕组切换极性前后只有一相绕组通电；"双"是指每次有两相绕组通电；从一种通电状态转换到另一种通电状态就叫作一拍。"相"是指步进电动机定子绕组的对数。

步进电动机中步距角的概念比较重要，其定义是当由一个通电状态改变到下一个通电状态时，电动机转子转过的角度。

$$b=360°/ZKm$$

式中，Z 表示转子齿数；m 表示定子绕组相数；K 表示通电系数，当前后通电相数一致时，K=1，否则 K=2。

以二相步进电动机为例来介绍步距角概念。设二相步进电动机的转子齿数为 100，若按单相通电方式运行，则其步距角为

$$\frac{360°}{2\times100}=1.8°$$

若按单双拍通电方式运行，则其步距角为

$$\frac{360^\circ}{2\times2\times100}=0.9^\circ$$

由此可见，步进电动机的转子齿数和定子绕组相数（或运行拍数）越大，步距角越小，控制越精确。当定子控制绕组按一定顺序不断地轮流通电时，步进电动机就持续不断地旋转。

4.2.2　步进电动机驱动模块

步进电动机不能直接接到直流电源或交流电源上工作，必须使用专用的驱动电源（步进电动机驱动器）。控制器（脉冲信号发生器）可以通过控制脉冲的个数来控制角位移量，从而达到准确定位的目的；也可以通过控制脉冲频率来控制电动机转动的速度和加速度，从而达到调速的目的。步进电动机驱动器一般采用单极性直流电源供电，只要各相绕组按合适的相序通电，就能实现转动。图 4.18 所示为四相反应式步进电动机的工作原理图。

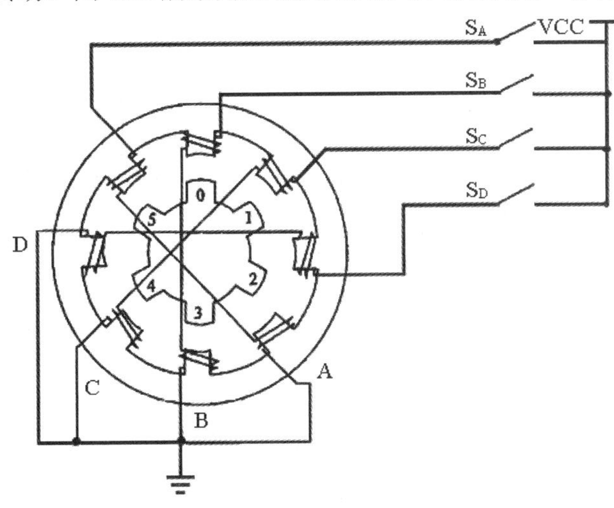

图 4.18　四相反应式步进电动机的工作原理图

在图 4.18 中当开关 S_B 闭合，开关 S_A、开关 S_C、开关 S_D 断开时，四相反应式步进电动机的 B 相磁极和转子的 0 号齿、3 号齿对齐，同时，转子的 1 号齿、4 号齿和 C 相、D 相绕组磁极产生错齿，2 号齿、5 号齿和 D 相、A 相绕组磁极产生错齿。当开关 S_C 闭合，开关 S_B、开关 S_A、开关 S_D 断开时，受 C 相绕组的磁力线和 1 号齿、4 号齿之间的磁力线的作用，转子转动，1 号齿、4 号齿和 C 相绕组的磁极对齐，0 号齿、3 号齿和 A 相、B 相绕组产生错齿，2 号齿、5 号齿和 A 相、D 相绕组磁极产生错齿。以此类推，A 相、B 相、C 相、D 相 4 相绕组轮流通电，转子沿着 A—B—C—D 方向转动。

常用的电动机驱动模块可分为单电压功率驱动模块、双电压功率驱动模块、高电压功率驱动模块、斩波恒流功率驱动模块、升频升压功率驱动模块、集成功率驱动模块。

单片机控制的步进电动机常用集成功率驱动模块驱动，如 ULN2003、L298N 等集成驱动模块。ULN2003 是大电流驱动阵列，多用于单片机、智能仪表、PLC、数字量输出卡等控制电路中，可直接驱动继电器等负载。L298N 是专用驱动集成电路，属于 H 桥驱动电路，与 L293D 相比，其输出电流更大、功率更大。L298N 的输出电流为 2A，最高工作电流为 4A，最高工作电压为 50V，可以驱动感性负载，如大功率直流电动机、步进电动机、电磁阀等，

特别是其输入端可以与单片机直接相连，从而很方便地受单片机控制。在驱动直流电动机时，可以直接控制步进电动机，并可以实现电动机正转与反转（实现此功能只需要改变输入端的逻辑电平即可）。L298N 可以驱动两个二相电动机，也可以驱动一个四相电动机，其工作电压最高可达 50V，可以直接通过电源调节输出电压；可以直接用单片机的 I/O 口提供信号，而且电路简单，使用比较方便。图 4.19 所示为 ULN2003 与 L298N 驱动步进电动机的电路原理图。L298N 在驱动步进电动机时，不需要步进电动机自带电源接口。ULN2003 在驱动步进电动机时，需要步进电动机自带电源接口。

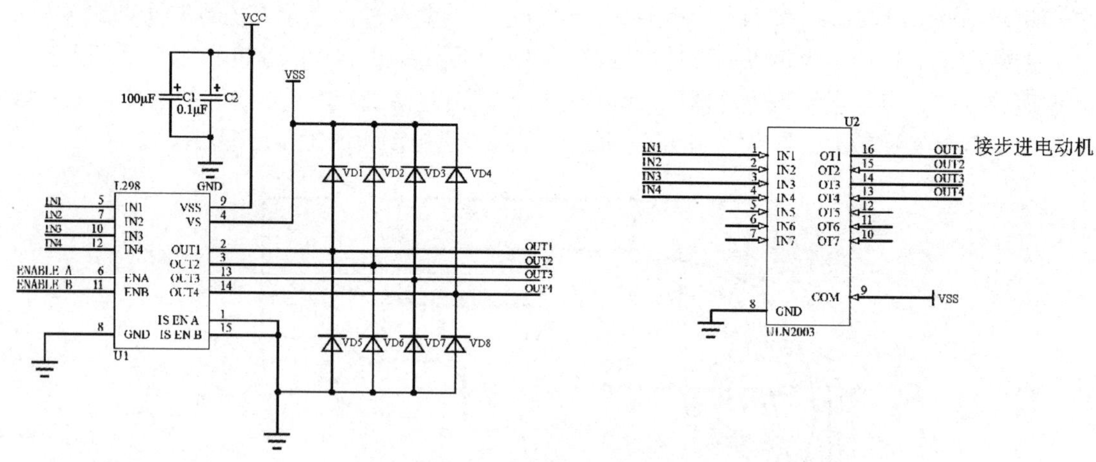

图 4.19　ULN2003 与 L298N 驱动步进电动机的电路原理图

➢ 设计步骤

与直流电动机不同，控制步进电动机不需要 PWM，程序设计方面需要实现节拍的管理和延时控制。本任务设计使用 ULN2003 驱动模块来驱动电动机。

（1）电路原理图如图 4.20 所示。

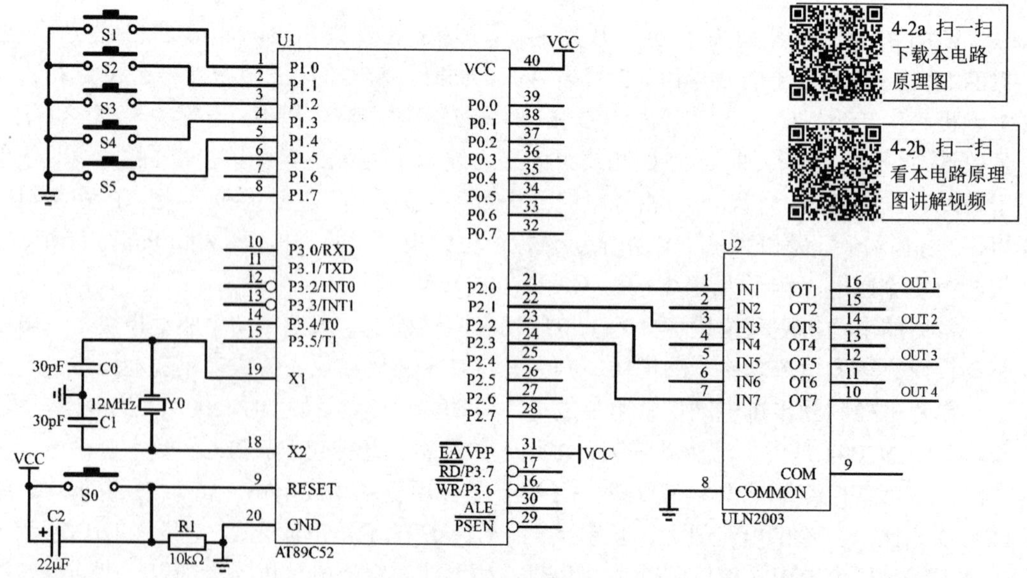

图 4.20　电路原理图

（2）仿真电路图如图 4.21 所示。

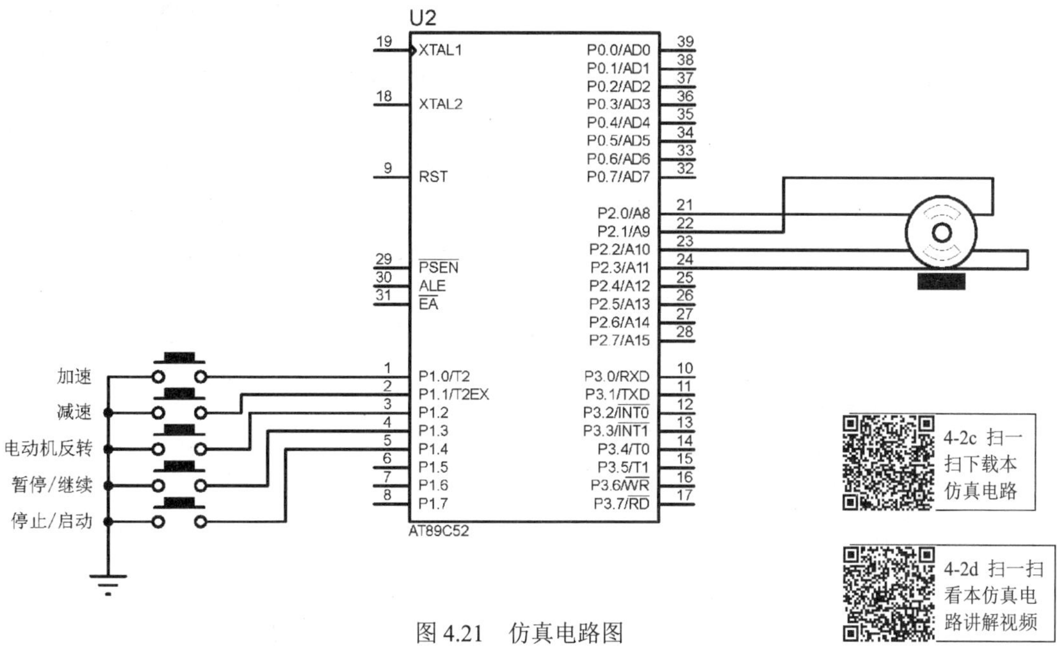

4-2c 扫一扫下载本仿真电路

4-2d 扫一扫看本仿真电路讲解视频

图 4.21 仿真电路图

（3）程序流程图如图 4.22 所示。

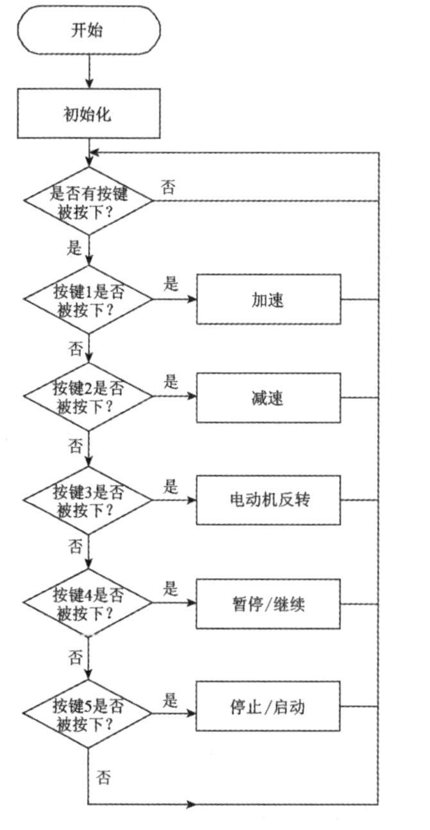

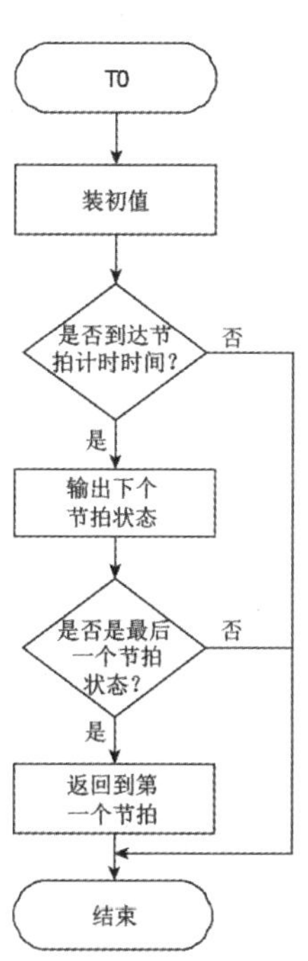

4-2f 扫一扫看步进电动机控制代码

图 4.22 程序流程图

（4）源代码。

➢ 应用测试

测试的一个重点在于考虑机电系统部分与单片机系统部分的相对独立工作和控制的有效性。已完成的任务 4.1 和任务 4.2 都没有涉及电动机驱动负载的工作效果，若单片机控制的电动机带有负载，而且是可变负载，则单片机应如何精确地控制电动机驱动就需要仔细考虑了。

在电动机控制系统测试中还要考虑电动机驱动电路的工作性能，这部分电路不属于单片机外围电路。随着电动机负载的变化，驱动电路的电流会有较大变化，在进行驱动电路设计及程序控制设计时要考虑这一点。

测试的另一个重点是同时控制多个电动机时的工作协调能力和人机交互友好度等。

任务 4.3　多电动机综合设计

➢ 任务介绍

本任务的构思来源于大学生毕业设计课题，该课题完成了一个单片机同时控制两个直流电动机和两个步进电动机的运转，通过一组按键手动控制各个电动机的启停、转动方向、转速等，并能够在液晶显示器上实时显示各个电动机的转速、转动方向、启停状态及直流电动机的 PWM 占空比。该课题具有一定的创意，涉及较多技术应用，因此编者参考该课题重新设计了一个较简单的任务：删去了测速和液晶显示器显示功能，增加了舵机控制。本任务的目的是引导读者比较三种不同电动机的控制方式，重点是舵机的控制方式。

➢ 知识导入

4.3.1　舵机工作原理

舵机通常由小型电动机、电位计、嵌入式控制系统和变速箱组成。舵机是一种位置（角度）伺服的驱动器，适用于角度不断变化并可以保持的控制系统。目前在高档遥控玩具，如飞机模型、潜艇模型、遥控机器人中被普遍使用。在许多机器人控制系统中，舵机控制效果是性能的重要影响因素。舵机可以在微机电系统和航模中作为基本的输出执行机构，因其具有简单的控制方法和输出方式，所以非常容易与单片机相连。

舵机的主体结构如图 4.23 所示，主要包括舵盘、齿轮组、电动机、控制电路等。其工作原理是控制电路接收信号源发出的控制信号，并驱动电动机转动；齿轮组将电动机的速度成倍缩小，并将电动机的输出扭矩成倍放大后输出；控制电路检测并根据电位器判断舵机转动角度，从而使舵机转动到目标角度或保持在目标角度。

4.3.2　舵机控制方法

舵机的控制一般需要一个 20ms 左右的时基脉冲，该脉冲的高电平部分一般为介于 0.5～2.5ms 的角度控制脉冲部分。以 180°伺服为例，对应的控制关系如下。

（1）0.5ms——0°。

（2）1.0ms——45°。

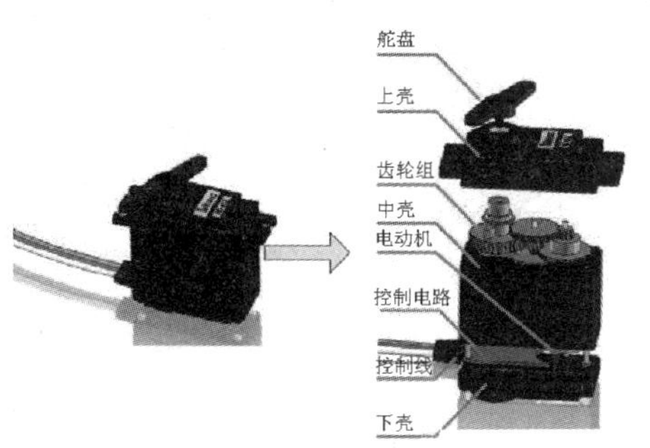

图 4.23　舵机的主体结构

（3）1.5ms——90°。

（4）2.0ms——135°。

（5）2.5ms——180°。

小型舵机的工作电压一般为 4.8V 或 6V，转速一般为 0.22s/60°或 0.18s/60°。因此当脉冲的宽度变化太快时，舵机可能反应不过来。如果需要更快的反应速度，就需要更高的转速。

多数舵机的位置等级有 1024 个，如果舵机的有效角度范围为 0～180°，其控制的角度精度为 180°/1024≈0.18°，从时间上看，要求的脉宽控制精度为 2000/1024≈2μs。

使用传统单片机控制舵机多是利用定时器/计数器和中断的方式来完成的，这样的方式控制一个舵机相当有效。但是随着舵机数量的增加，控制将变得不方便，而且难以达到 2μs 的脉宽控制精度。

➢ 设计步骤

4-3a 扫一扫下载本电路原理图

4-3b 扫一扫看本电路原理图讲解视频

（1）电路原理图如图 4.24 所示。

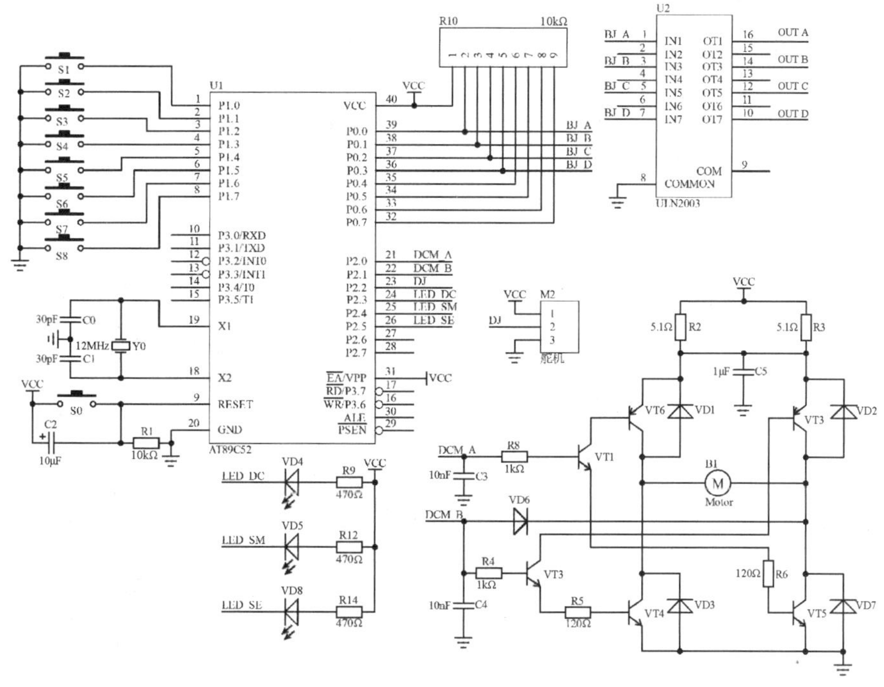

图 4.24　电路原理图

（2）仿真电路图如图4.25所示。

4-3c 扫一扫下载本仿真电路

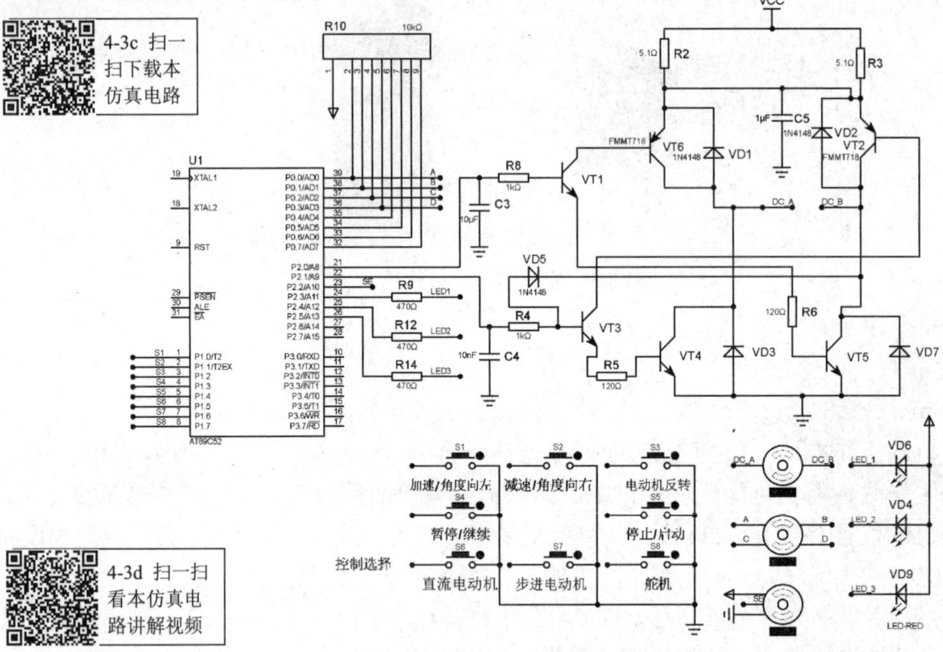

4-3d 扫一扫看本仿真电路讲解视频

图4.25　仿真电路图

（3）程序流程图如图4.26所示。

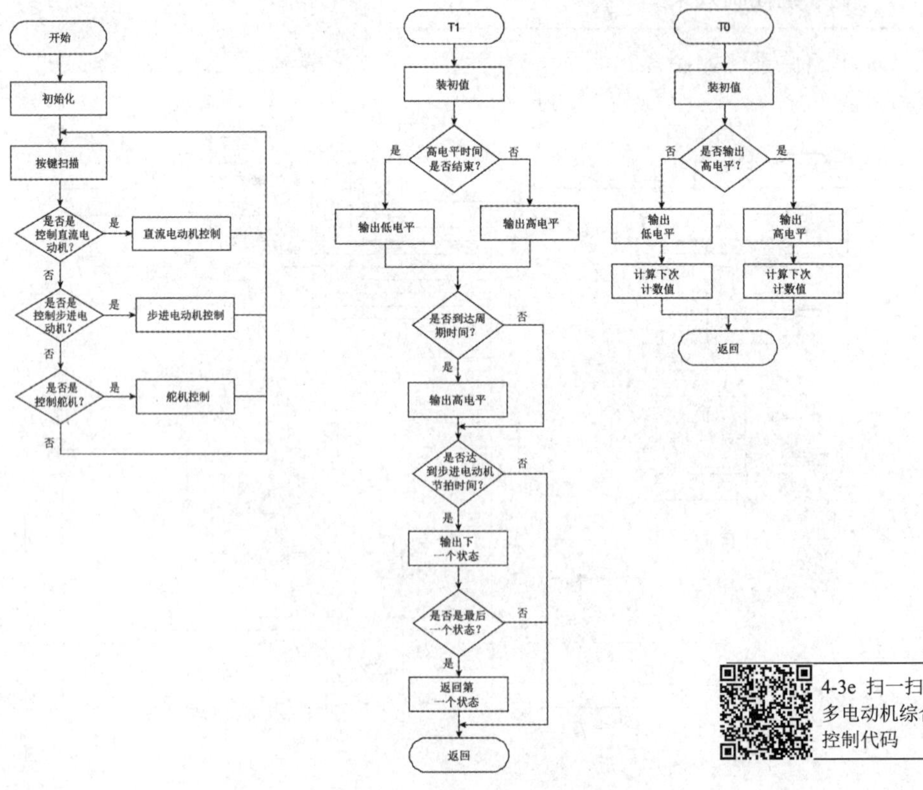

4-3e 扫一扫看多电动机综合控制代码

图4.26　程序流程图

（4）源代码请扫二维码下载后阅览。

4-3f 扫一扫下载本程序源代码

➢ 应用测试

开环控制系统不具有反馈特性，即单片机作为控制器件不能够根据被控制器件（电动机）的实际运行效果进行适当调整，因此在控制中属于比较单一、单向的，特别是当电动机有负载时，单片机的控制意图与实际工作效果可能存在很大差距。闭环控制系统具有较好的反馈特性，即单片机在控制电动机工作时，需要实时测量电动机的实际工作效果，并将该效果纳入控制系统的分析。一般在分析中采用适当的控制算法（如 PID 控制算法），以达到较好的控制效果。具有闭环控制系统的电动机控制系统能够较好地响应带负载的情况，也是在实际产品中常用的控制系统。该项目设计中应考虑闭环控制系统的设计方案，并在应用测试中对比开环控制与闭环控制效果。

本项目如果仅设计了单片机开环控制直流电动机、步进电动机，在应用测试中应当认真考虑以下几点。

（1）该系统能否做到所有电动机同步工作？

（2）该系统能否达到较为精确的转速和角度控制？

（3）该系统能否具有在带负载的情况下控制效果失真现象的能力？

如果项目中使用了 PID 闭环控制系统，在应用测试中应当考虑以下几点。

（1）如何设计 PID 控制算法？

（2）反馈信号是哪个？如何采集该信号？

（3）该系统控制效果如何？

项目5

A/D与D/A项目制作：数字电压表和信号发生器设计

A/D 模块用于将外部的模拟电信号转换成数字电信号并传送给单片机系统，D/A 模块用于将单片机的数字电信号转换成对应的模拟电信号并传送到外部设备。

本项目将通过三个任务讲解这两个模块，三个任务分别是简单数字电压表制作、温显数字电压表制作、简易信号发生器制作。

➢任务5.1：简单数字电压表制作

- 使用A/D模块采集电压信号，将采集到的AD值换算成电压值，并在液晶显示器上显示。

➢任务5.2：温显数字电压表制作

- 使用A/D模块采集电压信号和温度信号，将采集到的AD值换算成电压值和温度值，以及电压信号和温度信号，并在液晶显示器上显示。

➢任务5.3：简易信号发生器制作

- 使用D/A模块产生方波、三角波、正弦波，信号的幅值、频率、占空比等可以控制。

任务 5.1　简单数字电压表制作

5-0 扫一扫看本项目教学课件

➢ 任务介绍

本任务的目的是引导读者对单片机 A/D 模块进行初步理解，使用 A/D 模块采集的电压信号将采集到的 AD 值换算成电压值，并在液晶显示器上显示。

本任务侧重于熟悉 A/D 模块的使用，在讲解本任务设计前，先介绍相关知识点，包括 A/D 转换原理、控制程序、“地”的概念等。

➢ 知识导入

5.1.1 A/D 转换原理

A/D 转换就是模/数转换，顾名思义就是把模拟电信号转换成数字电信号。

1. A/D 转换器工作原理

A/D 转换器是将模拟电信号转成数字电信号的器件。模拟电信号一般是由压力、温度、湿度、位移、声音等非电信号转换来的电压或电流信号。模拟电信号经过 A/D 转换后，输出的数字电信号可以是 8 位、10 位、12 位、16 位及更多位的数字量。

A/D 转换器主要有三种：逐次逼近型 A/D 转换器、双积分型 A/D 转换器、电压频率转换型 A/D 转换器。下面对这三种 A/D 转换器进行简单介绍。

1）逐次逼近型 A/D 转换器

逐次逼近型 A/D 转换电路是一种比较常见的 A/D 转换电路，转换时间为微秒级。采用逐次逼近法的 A/D 转换器是由 D/A 转换器、比较器、输出锁存器、移位寄存器及控制逻辑电路等组成的，如图 5.1 所示。

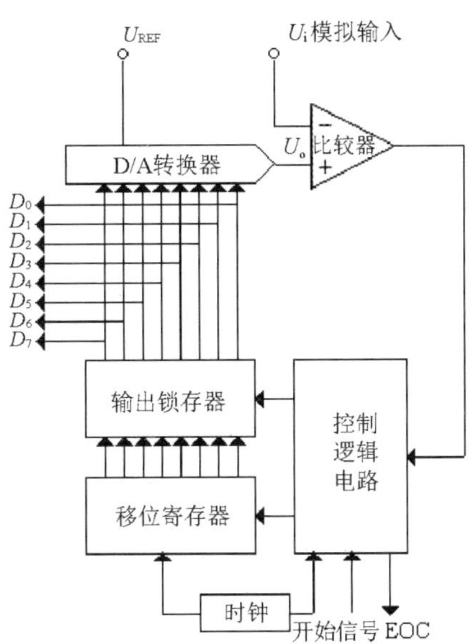

图 5.1 逐次逼近型 A/D 转换器的组成

图 5.1 中，D_0~D_7 是转换的输出数据，U_{REF} 是参考电压，开始信号为 A/D 转换启动信号，EOC 为转换结束信号。逐次逼近型 A/D 转换器的基本工作原理是从高位到低位逐位比较。

逐次逼近型 A/D 转换器转换过程：初始化时先将移位寄存器清 0；转换开始时，通过移位寄存器将输出锁存器最高位置 1，送入 D/A 转换器，经 D/A 转换器转换生成模拟量（U_o），并输入比较器，将 U_o 与输入比较器的待转换模拟量 U_i 进行比较，若 $U_o<U_i$，则该位 1 被保留，否则被清除；通过移位寄存器将输出锁存器次高位置 1，将寄存器中新的数字量送入 D/A 转换

器，将输出的 U_o 与 U_i 比较，若 $U_o<U_i$，则该位 1 被保留，否则被清除。重复上述过程，直至输出锁存器最低位。转换结束后，将输出锁存器中的数字量送出，进而实现 A/D 转换。

2）双积分型 A/D 转换器

双积分型 A/D 转换器由电子开关、积分器、比较器、控制逻辑模块等组成，如图 5.2 所示。

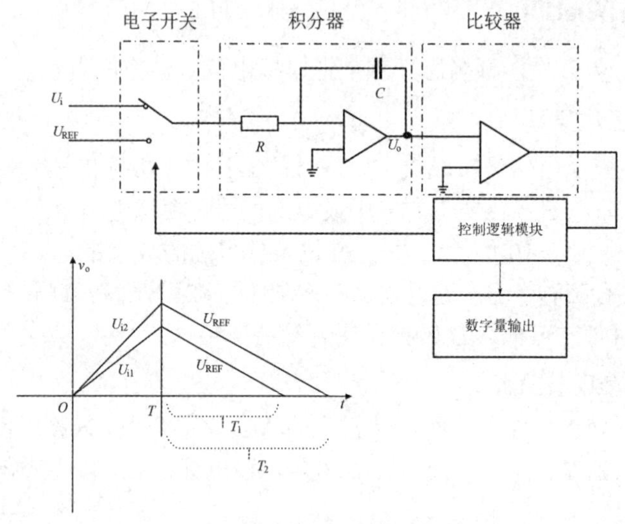

图 5.2　双积分型 A/D 转换器的组成

双积分型 A/D 转换器的基本工作原理是先将输入电压转换成与其平均值成正比的时间间隔，再把此时间间隔转换成数字量，该转换方式属于间接转换。

双积分型 A/D 转换器转换过程：先将电子开关接通至待转换的模拟量 U_i，U_i 采样输入积分器，积分器从零开始进行固定时间 T 的正向积分。到时间 T 后，开关再接通与 U_i 极性相反的基准电压 U_{REF}，将 U_{REF} 输入积分器，进行反向积分，直至输出为 0V，停止积分。U_i 越大，积分器输出电压越大，反向积分时间越长（$T_2>T_1$）。计数器在反向积分时间内所计数值就是输入模拟电压 U_i 所对应的数字量，从而实现 A/D 转换。

3）电压频率转换型 A/D 转换器

电压频率转换型 A/D 转换器由 V/F 控制门、计数器及定时器（一个具有恒定时间的时钟门）组成，如图 5.3 所示。

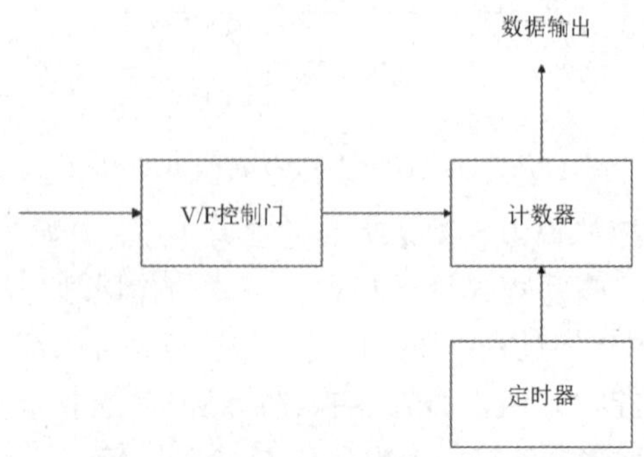

图 5.3　电压频率转换型 A/D 转换器的组成

电压频率转换型 A/D 转换器的基本工作原理是 V/F 控制门转换电路把输入的模拟电压

转换成与模拟电压成正比的脉冲信号。

电压频率转换型 A/D 转换器转换过程：当模拟电压 U_i 加到 V/F 控制门的输入端时，产生频率 f 与 U_i 成正比的脉冲，在一定时间内对该脉冲进行计数。计数器统计的计数值正比于输入电压 U_i，进而实现 A/D 转换。

2. A/D 转换器性能指标

A/D 转换器的主要性能指标如下。

（1）分辨率（Resolution）：是指当数字量变化一个最小量时模拟电信号的变化量，定义为满刻度与 2^n 的比值。分辨率又称精度，通常用数字电信号的位数来表示。

（2）转换速率（Conversion Rate）：是指完成一次从模拟电信号转换为数字电信号所需时间的倒数。双积分型 A/D 转换器的转换时间是毫秒级，逐次逼近型 A/D 转换器的转换时间是微秒级。需要注意的是，采样时间是指两次转换的间隔。为了保证转换正确完成，采样速率（Sample Rate）必须小于或等于转换速率。因此将转换速率在数值上等同于采样速率是可以接受的，其常用单位是 Ksps 和 Msps，表示每秒采样千/百万次（Kilo/ Million Samples Per Second）。

（3）量化误差（Quantizing Error）：由 A/D 转换器的有限分辨率引起的误差，即有限分辨率 A/D 转换器的阶梯状转移特性曲线与无限分辨率 A/D 转换器（理想 A/D 转换器）的转移特性曲线（直线）之间的最大偏差，通常是 1 个或半个最小数字量的模拟变化量，表示为 1LSB、1/2LSB。

（4）偏移误差（Offset Error）：当输入信号为零时输出信号的不为零的值。

（5）满刻度误差（Full Scale Error）：满刻度输出时对应的输入信号的值与理想输入信号值的差。

（6）线性度（Linearity）：实际 A/D 转换器的转移函数图像与理想 A/D 转换器的转移函数图像（直线）的最大偏移。

A/D 转换器的其他指标还有绝对精度（Absolute Accuracy）、相对精度（Relative Accuracy）、微分非线性、单调性、无错码、总谐波失真（Total Harmonic Distortion，THD）和积分非线性等。

5.1.2 控制程序优化

对程序进行优化，通常是指优化程序或优化程序的执行速度。优化程序和优化程序的执行速度实际上是一个矛盾的统一，一般情况下优化程序会延长程序执行时间；优化程序的执行速度会增加代码，在设计时只能掌握一个平衡点。

1. 程序结构的优化

1）程序的书写结构

一个书写清晰、明了的程序有利于以后的维护。在书写程序时，特别是对于 While、for、do…while、if…else、switch…case 等语句，或者这些语句的嵌套组合，应采用缩格的书写形式。

2）标识符

程序中使用的用户标识符除了要遵循标识符的命名规则，一般不应用代数符号（如 a、b、x1、y1）作为变量名，应选取具有相关含义的英文单词（或缩写）或汉语拼音作为标识符，

以提高程序的可读性，如 count、number1、red、work 等。

3）程序结构

C 语言是一种高级程序设计语言，提供了十分完备的规范化流程控制结构。在使用 C 语言设计单片机应用系统程序时，要尽可能采用结构化的程序设计方法，这样可使整个应用系统程序结构清晰，便于调试和维护。对于一个较大的应用程序，通常将整个程序按功能分成若干模块，不同模块实现不同功能。各个模块可以分别编写，甚至可以由不同的程序员编写。一般单个模块完成的功能较简单，设计和调试也相对容易。在 C 语言中，一个函数就可以认为是一个模块。所谓程序模块化，不仅要将整个程序划分成若干个功能模块，更重要的是，应该注意并且保持各个模块之间变量的相对独立性，即保持模块的独立性，尽量少使用全局变量等。对于一些常用的功能模块，可以将其封装为一个应用程序库，以便在需要时直接调用。但是在将程序模块化时，如果将模块分得太细，又会导致程序执行效率变低。

4）定义常数

在程序化设计过程中，对于经常使用的常数，如果将它直接写到程序中，一旦常数的数值发生变化，就必须逐个找出程序中的所有常数，并逐一进行修改，这样必然会降低程序的可维护性。因此，应尽量采用预处理命令方式来定义常数。

5）表达式

一个表达式中各种运算执行的优先顺序不太明确或容易混淆的地方，应当采用圆括号明确指定。

6）函数

对于程序中的函数，在使用之前，应对函数类型进行说明。对函数类型的说明必须保证它与原来定义的函数类型一致，对于没有参数和没有返回值类型的函数应加上 void 进行说明。如果需要缩短程序的长度，那么可以将程序中的一些公共程序段定义为函数。Keil 中的高级别优化就是这样的。

7）尽量少用全局变量，多用局部变量

因为全局变量放在数据存储器中，所以定义一个全局变量，单片机就少一个可以利用的数据存储器空间。如果定义的全局变量太多，会导致编译器没有足够的内存可以分配。而局部变量大多定位在单片机内部的寄存器中，局部变量占用的寄存器和数据存储器在不同的模块中可以重复利用。

8）设定合适的编译程序选项

许多编译程序有多种不同的优化选项，应先理解各优化选项的含义，再选用最合适的优化方式。通常情况下，如果选用最高级优化，编译程序就会过于追求程序优化，这可能会影响程序的正确性，导致程序运行出错。因此应熟悉使用的编译器，知道哪些参数在优化时会受影响，哪些参数不会受影响。

2. 程序执行速度的优化

1）选择合适的算法和数据结构

选择合适的算法可以大大提高程序的执行效率。例如，将运行速度比较慢的顺序查找法用运行速度较快的二分查找法或乱序查找法代替，将插入排序法或冒泡排序法用快速排序

法、合并排序法或根排序法代替。

选择一种合适的数据结构也很重要，如在一堆随机存放的数中使用大量的插入指令、删除指令会比使用链表要慢得多。

数组与指针有十分紧密的关系，一般来说，指针比较灵活、简洁，而数组比较直观、容易理解。

2）减少运算强度

可以使用运算量小但功能相同的表达式代替原来复杂的表达式，示例如下。

（1）求余运算。

```
a=a%8;
```

可以改为：

```
a=a&7;
```

说明：位操作只需要一个指令周期即可完成，而大部分C语言编译器的“%”运算均是调用子程序来完成的，程序长、执行速度慢。在一般情况下，若只要求计算2^n的余数，则可以使用位操作的方法。

（2）平方运算。

```
a=pow(a, 2.0);
```

可以改为：

```
a=a*a;
```

说明：在有内置硬件乘法器的单片机中（如51单片机），乘法运算比求平方运算快得多，因为浮点数的求平方是通过调用子程序来实现的。

例如，求3次方：

```
a=pow(a,3.0);
```

若更改为：

```
a=a*a*a;
```

则执行效率会得到明显改善。

（3）用移位实现乘除法运算。

```
a=a*4;
b=b/4;
```

可以改为：

```
a=a<<2;
b=b>>2;
```

说明：在一般情况下，若需要乘以或除以2^n，则可以使用移位方法实现运算。用移位方法得到的程序执行效率比调用乘除法子程序生成的程序的执行效率高。实际上，只要是乘以或除以一个整数，均可以通过移位得到结果，示例如下。

```
a=a*9
```

可以改为：

```
a=(a<<3)+a
```

3）查表

在程序中一般不进行非常复杂的运算，如浮点数的乘、除、开方等运算，以及一些复杂的数学模型的插补运算。这些既消耗时间又浪费资源的运算应尽量使用查表的方式实现，同时尽量将数据表置于程序存储区。如果直接生成需要的表比较困难，那么应该尽量在单片机启动时先计算，然后在数据存储器中生成需要的表，在程序运行时直接查表就可以了，以减少程序执行过程中重复计算的工作量。

4）其他

使用在线汇编，或者将字符串和一些常量保存在程序存储器中，均有利于优化程序执行速度。

5.1.3 "地"的概念

"地"是电子技术中一个很重要的概念。"接地"有设备内部信号接地和设备接地，二者概念不同，目的也不同。"地"的经典定义是"作为电路或系统基准的等电位点或平面"。

1．信号接地

信号地，又称参考地，就是零电位参考点，也是构成电路信号回路的公共端。

（1）直流地：直流电路"地"就是零电位参考点。

（2）交流地：交流电的零线，应与地线区别开。

（3）功率地：大电流网络器件、功放器件的零电位参考点。

（4）模拟地：放大器、采样保持器、A/D 转换器、比较器的零电位参考点。

（5）数字地：又称逻辑地，是数字电路的零电位参考点。

设备的信号接地，可能是以设备中的一点或一块金属来作为信号的零电位参考点，它为设备中的所有信号提供了一个公共参考电位，包括单点接地、多点接地、浮地。

单点接地是指整个电路系统中只有一个物理点被定义为接地参考点，其他各个需要接地的点都直接接到这一点上。通常，频率小于 1MHz 的电路采用单点接地。

多点接地是指电子设备中各个接地点都直接接到离其最近的接地平面（设备的金属底板）。在高频电路中，寄生电容和电感的影响较大。通常，频率大于 10MHz 的电路会采用多点接地。

浮地，即该电路的地与大地无导体连接。其优点是该电路不受大地电性能的影响。浮地可使功率地（强电地）和信号地（弱电地）之间的隔离电阻很大，因此能阻止共地阻抗电路耦合产生的电磁干扰。浮地的缺点是电路易受寄生电容的影响，从而使电路的地电位变动，以及对模拟电路的感应干扰增大。一个折中方案是在浮地与公共地之间跨接一个阻值很大的泄放电阻，用于释放积累的电荷。注意，要控制释放电阻的阻抗，阻抗太低的释放电阻会影响设备泄漏电流的合格性。

2．设备接地

在工程实践中，除认真考虑设备内部的信号接地外，通常还将设备的机壳与大地连在一起，以大地作为设备的接地参考点。设备接地的目的如下。

1）保护接地

保护接地就是将设备正常运行时不带电的金属外壳（或构架）和接地装置之间做良好的电气连接，是为了保护人员安全而设置的一种接线方式。保护地线一端接用电器外壳，另一端与大地可靠连接。

2）防静电接地

防静电接地是指泄放机箱上积累的电荷，避免电荷积累使机箱电位升高，造成电路工作不稳定。

3）屏蔽地

屏蔽地可避免设备在外界电磁环境的作用下对大地的电位发生变化，造成设备工作的不稳定。

➢ 设计步骤

选择TLC549作为A/D转换模块，将电压值显示在LCD1602液晶显示器上，具体安排如下。

单片机P0口作为LCD1602液晶显示器数据口，P2口用于控制LCD1602液晶显示器与TLC549。读者可自行查找TLC549的数据手册，了解TLC549的使用方式。

下面给出本任务的设计示例，仅供参考。

（1）电路原理图如图5.4所示。

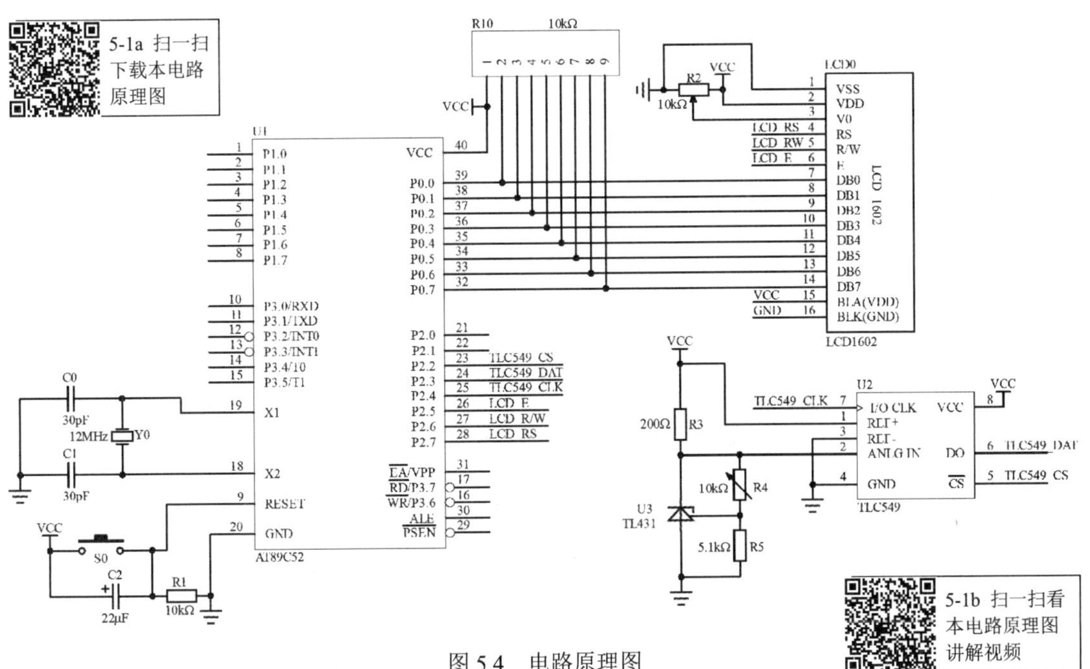

图5.4 电路原理图

（2）仿真电路图如图5.5所示。

（3）程序流程图如图5.6所示。

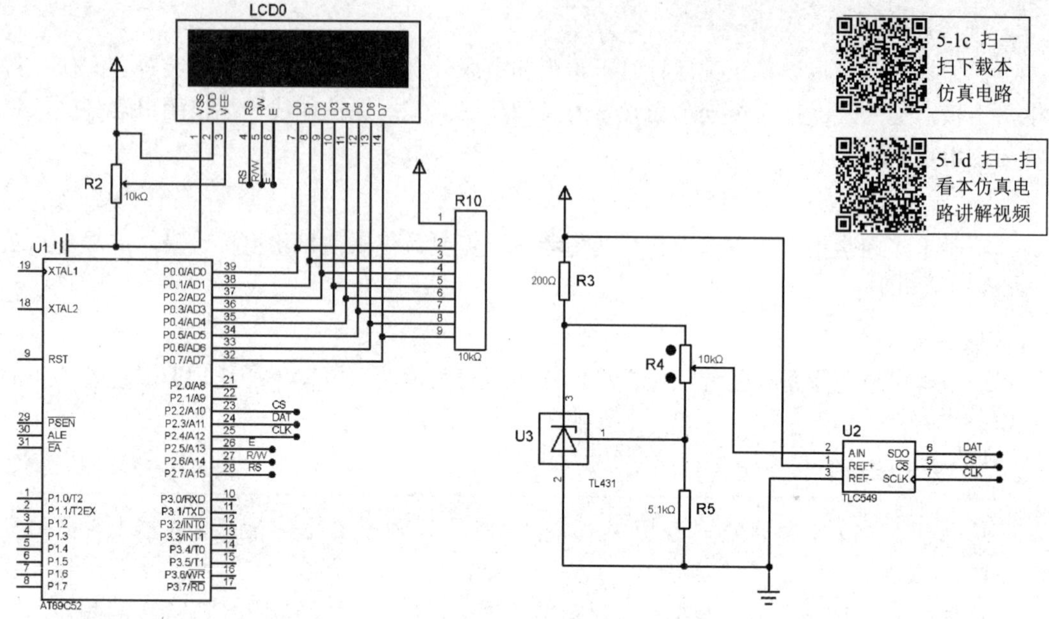

5-1c 扫一扫下载本仿真电路

5-1d 扫一扫看本仿真电路讲解视频

图 5.5　仿真电路图

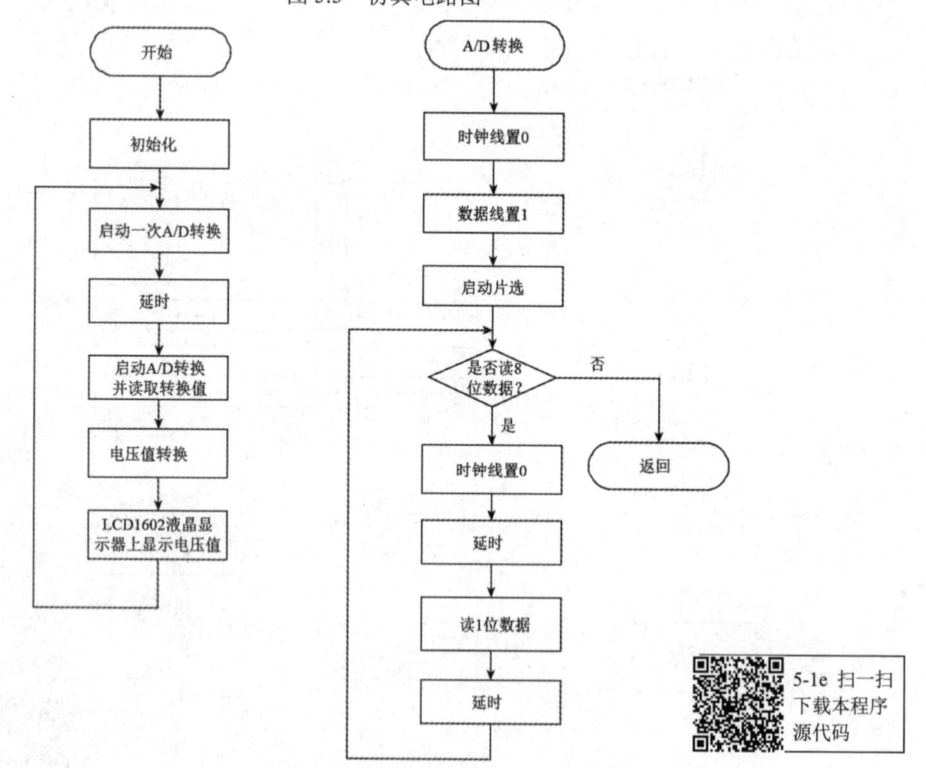

5-1e 扫一扫下载本程序源代码

图 5.6　程序流程图

（4）源代码如下。

① 主程序的代码（main_5_1.c）。

```
//功能：串行 A/D 转换器 TLC549 进行一路模拟量的测量
//驱动 TLC549，TLC549 是串行 8 位 A/D 转换器
```

```
//使用的接口为TLC549_CS = P2.2, TLC549_DAT = P2.3, TLC549_CLK = P2.4
#include <at89x52.h>
#include <intrins.h>
#include "lcd1602.h"
#include "tlc549.h"
uchar adc_val_buff[5];                              //作为电压信号转换的缓存
uint adc_val_temp;                                  //电压信号转换的中间值
uchar code dianyatext[]={"U:"};
void delay1ms(uint i)
{
    uint j;
    for(;i>0;i--)
        for(j=110;j>0;j--);
}
void main()      //主函数
{
    uchar i;
    uchar TLC549_temp_adc;                          //定义A/D转换数据变量
    LCD1602_init();
    delay1ms(100);
    LCD1602_write_string(0,0,dianyatext,2);         //显示"U: "
    while(1)
    {
        TLC549_adc();                               //启动一次A/D转换

        for(i=0xff;i>0;i--)                         //延时
        {_nop_();}
        TLC549_temp_adc=TLC549_adc();               //读取当前电压值A/D转换数据
        adc_val_temp=(uint)(((TLC549_temp_adc*1.0/256)*5)*100);
        adc_val_buff[0]=adc_val_temp/100+0x30; //取出整数部分并转换为ASCII
        adc_val_buff[1]='.';                        //添加小数点
        adc_val_buff[2]=adc_val_temp/10%10+0x30;
        adc_val_buff[3]=adc_val_temp%10+0x30;       //取出小数后两位并转换为ASCII
        adc_val_buff[4]='V';                        //添加电压单位
        LCD1602_write_string(0,3,adc_val_buff,5);   //显示电压值
    }

}
```

② TLC549驱动程序（tlc549.c）。

```
#include "tlc549.h"
uchar   bdata ADCdata;
sbitADbit=ADCdata^0;
/*********************************************
**函数名称：TLC549_adc
**函数功能：TLC549 A/D转换程序
**入口参数：
```

```
**输出参数：ADCdata
**备注：
*******************************************/
uchar   TLC549_adc(void)
{
    uchar   i;
    TLC549_CLK=0;
    TLC549_DAT=1;
    TLC549_CS=0;
    for(i=0;i<8;i++)
    {
        TLC549_CLK=1;
        _nop_();
        _nop_();
        ADCdata<<=1;
        ADbit=TLC549_DAT;
        TLC549_CLK=0;
        _nop_();
    }
    return (ADCdata);
}
```

③ LCD1602 液晶显示器的驱动程序（此处省略，请参考任务 3.1 的源）。

➢ 应用测试

读者可以根据提供的电路原理图搭建实际的电路，或者采用本书配套的开发板执行程序，观察效果。与本书配套的资料包括每个任务的源代码、电路原理图、部分仿真电路图、操作视频和开发板。

本任务的测试重点是观察 TLC549 如何工作，读者调节被测电压并观察液晶显示器能否实时显示电压的变化。如果读者有兴趣可以接入周期信号（低频率），通过修改程序，实现在 LCD1602 液晶显示器上显示周期信号的平均电压和有效电压。

任务 5.2　温显数字电压表制作

➢ 任务介绍

本任务的主要功能是采集电压信号和温度信号，将采集到的 AD 值换算成电压值和温度值，并在液晶显示器上显示。在 A/D 模块中，先后采样就是顺序采样，与之对应的是同步采样。同步采样是在时间上同时进行采样，同步采样已经在非常多的领域得到应用，但限于单片机的处理能力与资源，本书不讲解同步采样的概念。本任务的重点是引导读者了解 DS18B20 温度传感器的使用方法和如何实现对两路信号的采样。DS18B20 温度传感器输出的是数字电信号，因此不需要额外增加 A/D 模块。该温度传感器是单总线接口，读者需要参考上文讲解的单总线知识点来完成任务设计。

本任务难度较低，没有具体的性能指标参数，设计过程中的发挥空间较大。

➢ 设计步骤

根据任务介绍，本任务使用的资源如下。

单片机 P0 口作为 LCD1602 液晶显示器数据口，P2 口用于控制 LCD1602 液晶显示器、TLC549、DS18B20。

（1）电路原理图如图 5.7 所示。

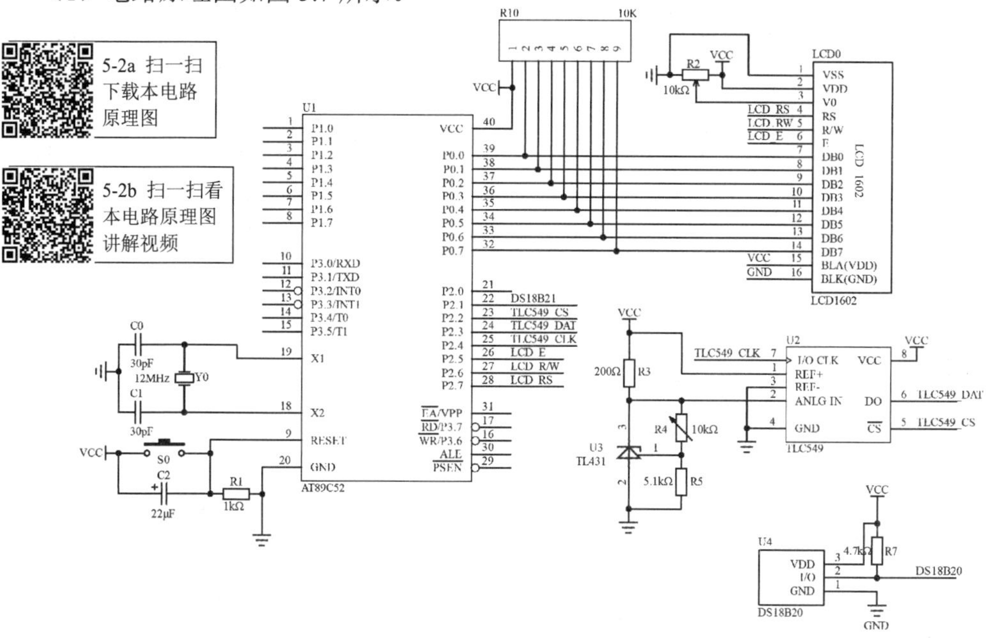

图 5.7　电路原理图

（2）仿真电路图如图 5.8 所示。

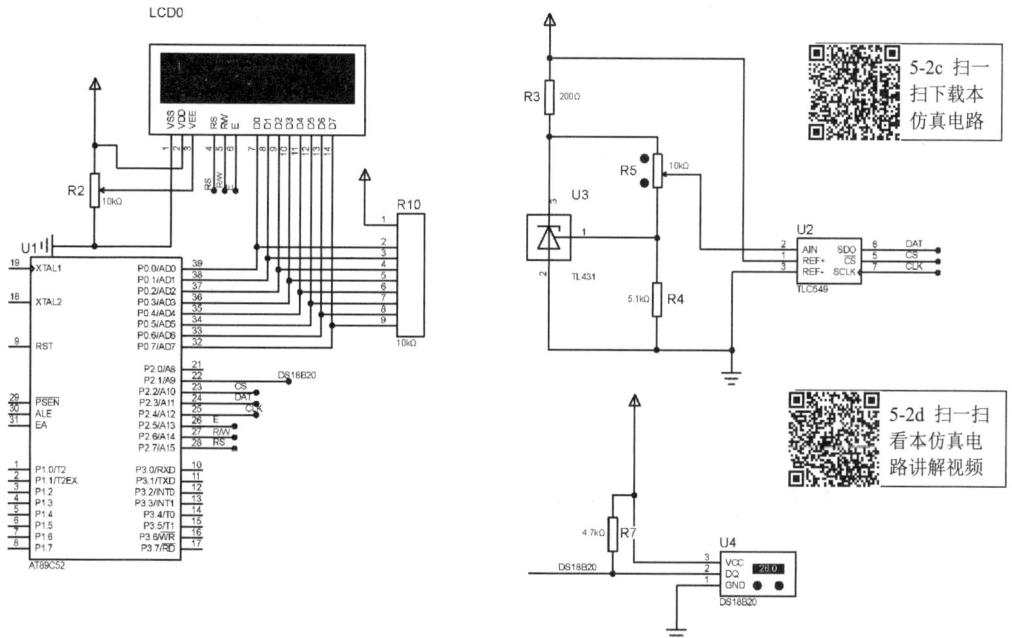

图 5.8　仿真电路图

（3）程序流程图如图5.9所示。

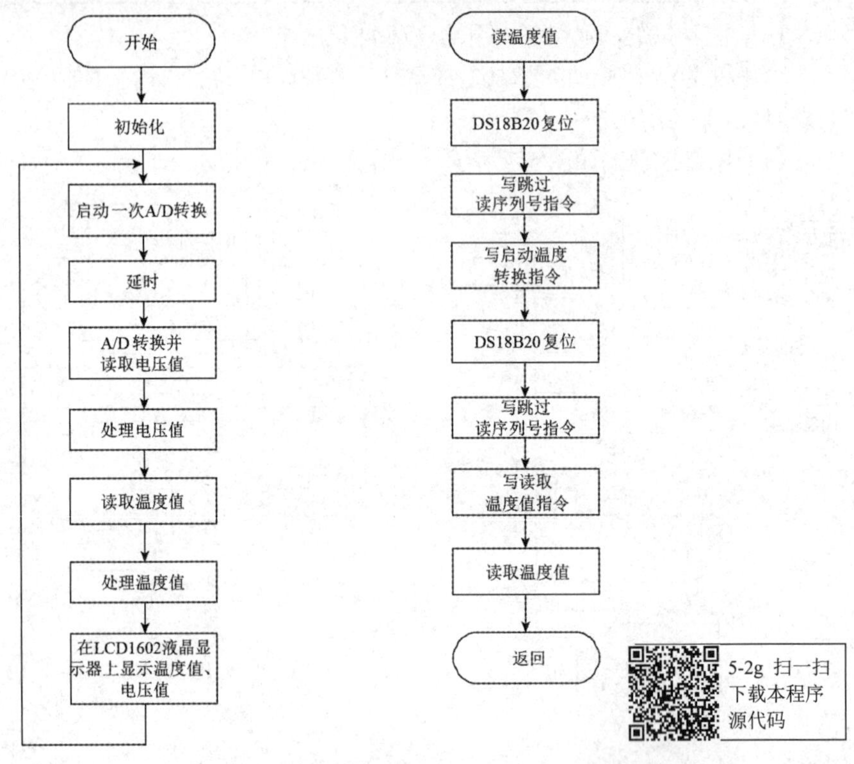

图5.9　程序流程图

（4）源代码请扫二维码下载后阅览，包括：

5-2e 扫一扫看温显万用表主代码

5-2f 扫一扫看温显万用表DS18B20驱动程序

①温显万用表主代码（main_5_2.c）。

②温显万用表DS18B20驱动程序（ds18b20.c）。

③TLC549与LCD1602液晶显示器的驱动程序。

LCD1602液晶显示器的驱动程序参见任务3.1 的源代码，TLC549驱动代码参见任务5.1的源代码。

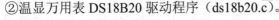

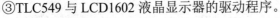

➢ 应用测试

本任务与任务5.1没有本质区别，仅增加了一路外部输入信号，DS18B20温度传感器的输出就是数字电信号，所以不需要进行A/D转换。本任务的目的是介绍单片机如何处理两路输入信号。从本任务的设计可以看出，任务采取了查询方式实现对电压和温度的检测。这种方式较简单，但效率也较低，适用于非实时数据采集的场合。若要实现更高的实时性，应采用中断方式进行处理。

任务5.3　简易信号发生器制作

➢ 任务介绍

简易信号发生器的工作原理就是单片机每隔一段时间产生一个信号，该信号通过D/A模

块转换为电压值，一系列的电压值在时间轴上排列出来就是信号。本任务要求使用 D/A 模块产生方波、三角波、正弦波，信号的频率上限为 2kHz，信号的幅值、频率和占空比可以控制。对 D/A 模块不做要求（常规的 D/A 芯片即可），并行或串口都可以。

➢ 知识导入

5.3.1　信号周期与频率

在信号与系统的分析中，经常遇到周期信号。周期信号是一类具有某种周期重复性的信号，这种重复性表现在周期信号在某一时刻的函数值每经过一段时间后将准确地重复。使周期信号函数值重复的最小时间间隔称为基波周期，一般用符号 T_0 表示。T_0 定义了信号完整变化一周需要的持续时间，反映了周期信号的基本特性。显然，若周期信号的基波周期为 T_0，则该信号在 $2T_0$，$3T_0$，…，mT_0 时也将呈现周期性。图 5.10 所示为正弦波周期信号示意图。

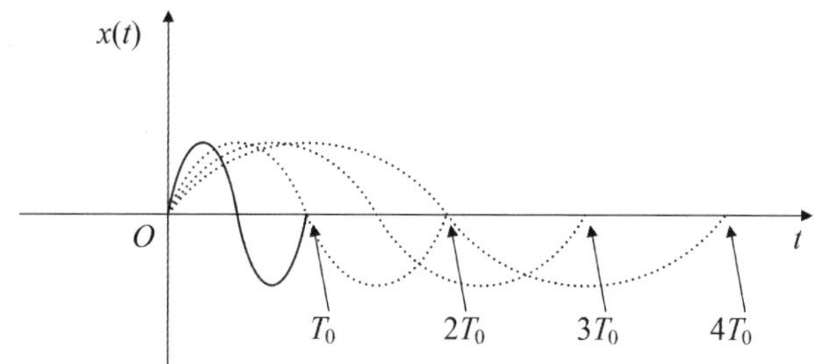

图 5.10　正弦波周期信号示意图

对于连续时间信号，周期信号 $x(t)$的数学表示式定义为

$$x(t)=x(t+mT_0)，\quad m=0,\pm1,\pm2,\pm3,\cdots$$

或

$$x(t)=x(t+T)，\quad T=mT_0$$

通常将周期 T_0 的倒数称为周期信号的基波频率 f_0，简称基频。基波频率也常用角频率 ω_0 表示。ω_0、T_0、f_0 三者之间的关系为

$$\omega_0=\frac{2\pi}{T_0}，\quad \omega_0=2\pi f_0，\quad T_0=\frac{1}{f_0}$$

5.3.2　D/A 转换原理

数模转换器又称 D/A 转换器，简称 DAC，是把数字电信号转变成模拟电信号的器件。D/A 转换器由 4 个部分组成，即权电阻网络、运算放大器、基准电源、模拟开关。

D/A 转换器有两种类型——并行 D/A 转换器和串行 D/A 转换器。图 5.11 所示为典型的并行 D/A 转换器的结构。

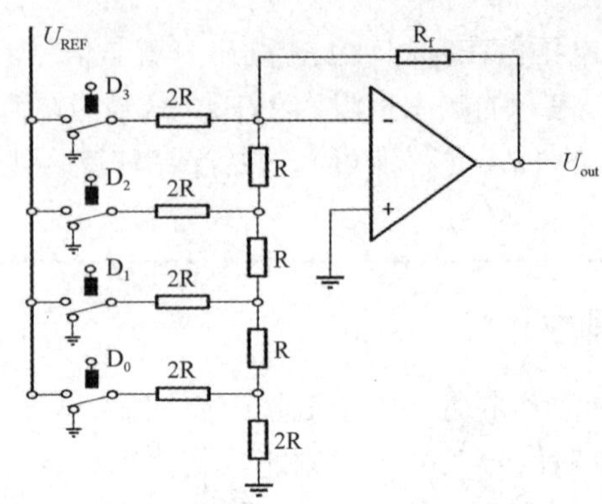

图 5.11 典型的并行 D/A 转换器的结构

数码操作开关和电阻网络是基本部件。图 5.11 中的装置通过一个模拟量参考电压和一个电阻梯形网络产生以参考量为基准的分数值的权电流或权电压；用由数码输入量控制的一组开关决定哪些电流或电压相加形成输出量。所谓“权”，就是二进制数的每一位代表的值。例如，三位二进制数“111”，右边第 1 位的权是 $2^0/2^3=1/8$；第 2 位的权是 $2^1/2^3=1/4$；第 3 位的权是 $2^2/2^3=1/2$。几路电流之和经过反馈电阻 R_f 产生输出电压。电压极性与参考量相反。输入端的数字量每变化 1，仅引起输出相对量变化 $1/2^3=1/8$，称此值为 D/A 转换器的分辨率。位数越多，分辨率越高，转换的精度越高。

串行 D/A 转换器先将数字量转换成脉冲序列的数目，一个脉冲相当于数字量的一个单位；然后将每个脉冲转换为单位模拟量，并将所有单位模拟量相加，得到与数字量成正比的模拟量，从而实现数字量与模拟量的转换。

D/A 转换器分类如下。

（1）按解码网络结构不同可进行如下分类。

- T 型电阻网络 D/A 转换器。
- 倒 T 型电阻网络 D/A 转换器。
- 权电流网络 D/A 转换器。
- 权电阻网络 D/A 转换器。

（2）按模拟电子开关电路不同可进行如下分类。

- CMOS 开关型 D/A 转换器（速度要求不高）。
- 双极型开关 D/A 转换器（速度要求较高）。
- ECL 电流开关型 D/A 转换器（速度要求更高）。

D/A 转换器的主要特性指标包括以下几方面。

（1）分辨率。

分辨率指最小输出电压（对应的输入数字量只有最低有效位为“1”）与最大输出电压（对应的输入数字量的有效位全为“1”）之比。对于 N 位 D/A 转换器，其分辨率为 $1/(2^N-1)$。在实际使用中，也用输入数字量的位数来表示分辨率大小。

（2）线性度。

用非线性误差的大小表示 D/A 转换器的线性度，并且把理想的输入/输出特性的偏差与满刻度输出之比的百分数定义为非线性误差。

（3）转换精度。

D/A 转换器的转换精度与 D/A 转换器的集成芯片的结构和接口电路配置有关。如果不考虑其他 D/A 转换器误差，D/A 转换器的转换精度就是分辨率的大小。因此，获得高精度的转换结果，要先保证选择具有足够分辨率的 D/A 转换器。D/A 转换器的转换精度还与外部电路的配置有关，当外部电路中的器件或电源误差较大时，会造成较大的 D/A 转换误差；当这些误差超过一定程度时，转换会产生错误。

在 D/A 转换器进行转换的过程中，影响转换精度的主要因素为失调误差、增益误差、非线性误差和微分非线性误差。

（4）温度系数。

在满刻度输出的条件下，温度每升高 1℃输出变化的百分数被定义为温度系数。

（5）电源抑制比。

对于高质量的 D/A 转换器，要求开关电路及运算放大器所用电源电压发生变化对输出电压影响极小。通常把满量程电压变化的百分数与电源电压变化的百分数之比称为电源抑制比。

（6）工作温度范围。

在一般情况下，影响 D/A 转换器转换精度的主要环境和工作条件因素是温度和电源电压变化。由于工作温度会对运算放大器加权电阻网络等产生影响，因此只有在一定工作范围内才能保证额定精度指标。

较好的 D/A 转换器的工作温度范围为-40～85℃，较差的 D/A 转换器的工作温度范围为 0～70℃。多数 D/A 转换器的静/动态指标是在 25℃的工作温度下测得的，工作温度对各项精度指标的影响用温度系数来描述，如失调温度系数、增益温度系数、微分线性误差温度系数等。

（7）失调误差（又称零点误差）。

失调误差是在数字输入全为 0 时，其模拟输出值与理想输出值的偏差值。对于单极性 D/A 转换器，模拟输出的理想值为 0V 点。对于双极性 D/A 转换器，理想值为负域满量程。失调误差的大小一般用 LSB 的份数或偏差值相对满量程的百分数来表示。

（8）增益误差（又称标度误差）。

D/A 转换器的输入与输出传递特性曲线的斜率称为转换增益或标度系数，实际的转换增益与理想增益之间的偏差称为增益误差。增益误差在消除失调误差后用满码表示。

实际其输出值与理想输出值（满量程）之间的偏差一般也用 LSB 的份数或偏差值相对满量程的百分数来表示。

（9）非线性误差。

D/A 转换器的非线性误差为实际转换特性曲线与理想转换特性曲线之间的最大偏差，以该偏差相对于满量程的百分数度量。在转换器电路设计中，一般要求非线性误差不大于±1/2LSB。

5.3.3 程序开发原则

1. 了解单片机的能力

【规则 1】设计满足要求的最精简的系统。

正确估计单片机的能力，知道单片机能做什么，最大限度地挖掘单片机的潜力对一个单片

机系统设计者来说是至关重要的。只有充分地了解单片机的能力，才不会做出冗余的系统设计。采用许多外围芯片来实现单片机的功能，在增加了系统成本的同时可能降低系统的可靠性。

2．系统可靠性至关重要

【规则 2】使用看门狗。

看门狗通常是一块在有规律的时间间隔中进行更新的硬件。更新一般由单片机来完成，如果在一定间隔内看门狗没有更新，那么看门狗将产生复位信号，重新复位单片机。看门狗更新的具体形式多是给看门狗相关引脚提供一个电平上升沿或读/写某个看门狗寄存器。使用看门狗可以使单片机在发生故障或进入死机状态时复位。

【规则 3】确定系统的复位信号可靠。

这是一个很容易被忽略的问题。在设计单片机系统时，有这个概念吗？什么样的复位信号才是可靠的？用示波器查看过设计产品的复位信号吗？不稳定的复位信号可能会产生什么样的后果？有没有发现设计的单片机系统在每次启动后数据变得乱七八糟，并且每次现象不同，有时候不运行，有时候进入死机状态，有时候正常运行？在这种情况下，应该查看系统的复位信号。一般在单片机的数据手册中会提到该单片机需要的复位信号的要求。复位电平的宽度和幅度都应该满足相关要求，并且保持稳定。还有特别重要的一点是复位电平应与电源上电在同一时刻发生，即单片机一上电，就产生复位信号。否则，由于没有经过复位，单片机中的寄存器的值将为随机值，上电时就会按 PC 寄存器中的随机内容开始运行程序，这样很容易导致用户进行误操作或单片机进入死机状态。

【规则 4】确定系统的初始化有效。

系统程序开始应延时一段时间，这是很多单片机程序设计中的常用方法，为什么呢？因为系统中的芯片及器件从上电开始到正常工作往往需要经历一段时间，在程序开始时延时一段时间的目的是让系统中的所有器件都到达正常工作状态。

【规则 5】上电时对系统进行检测。

上电时对系统进行检测是单片机程序中的一个良好设计。在硬件设计时也应该仔细考虑将用到的单片机和接口设计成容易用软件进行测试的模式。很多有经验的单片机设计者会在系统上电时（特别是第一次上电时）进行全面检测。甚至更进一步，将系统的运行状态分为测试模式和正常运行模式。加入测试模式，对系统进行详细检测，可使系统的批量检测更方便。要注意的是，一个简单明了的故障显示界面也是颇费心思的。例如，系统的外部 RAM 是单片机系统中的常用器件。如果外部 RAM 存在问题，那么程序通常会成为一匹脱缰的野马。因此，程序在启动时（至少在第一次启动时）一定要对外部 RAM 进行检测，检测内容如下。

（1）检测 RAM 中的单元，主要检测写入的数据和读出的数据是否一致。

（2）检测单片机与 RAM 之间的地址数据总线，总线既没有互相短路，也没有连接到地。

很多单片机都提供测试方法，如串行通信芯片 UART 等，自带环路测试功能。

【规则 6】按 EMC（Electro Magnetic Compatibility，电磁兼容）测试要求设计硬件。

EMC 测试要求已经成为产品必须进行的检测。本书不在此阐述 EMC 测试，可参考相关书籍。

3．软件编程和调试

【规则 7】在仿真前做好充分准备。

单片机硬件仿真器为单片机开发者带来了极大的便利，同时容易导致一定的依赖性。在硬件仿真调试前，下面的准备工作将会有用。

（1）程序编完后，仔细逐行检查程序。检查程序中的错误，建立自己的程序检查表，对易错的地方进行检查。检查程序是否符合编程规范。

（2）对各个子程序进行测试。测试方法：用程序测试程序。编制一个调用该子程序的程序，建立待测试子程序的入口条件，查看是否可以得到预期输出结果。

（3）如果程序有修改，再次对程序进行检查。

（4）若条件允许，进行软件仿真——Keil C的软件仿真功能十分强大。软件仿真可以防止硬件错误（如器件损坏、线路断路或短路）引起的调试错误。

（5）开始硬件仿真。

【规则8】使用库函数。

重用程序，特别是标准库程序。这样做可以更快、更容易地编写程序，且编写的程序更安全。Keil C提供了多个库函数，这些库函数的用法在Keil C 的帮助文件中有详细描述。

【规则9】使用const。

这一点在很多经典的关于C语言和C++语言的书中是必谈的。在C语言中，const修饰符表示告诉编译器此函数将不会改变被修饰的变量指向的任何值（除了强制类型转换）。当把指针作为参数传递时，合适地使用const，不仅可以防止无意的错误赋值，还可以防止在将指针作为参数传递给函数时修改本不想改变的指针指向的对象的值。示例如下。

```
const int num = 7;
num = 9; file://有可能得到编译器的警告
```

const char *ptr表示该指针指向的内容不会被改变，如果在程序中发生对其赋值的操作，那么在编译时将出现错误提示。示例如下。

```
const char *ptr = "hello";
*ptr = 'H'; //错误，所指内容不可改变
```

也可以将const放在星号后面来声明指针本身不可改变。示例如下。

```
char* const ptr;
ptr++; //错误，指针本身不可改变
```

也可以同时禁止改变指针和它所引用的内容，其形式如下。

```
const char* const ptr;
```

【规则10】使用static。

static是一个能够减少命名冲突的有效工具。只在一个模块文件中的变量和函数若使用static修饰，在模块连接时将不会因和其他模块具有相同名称的函数和变量产生名称冲突。一般来说，只要不是提供给其他模块使用的函数和非全局变量，均应使用static修饰。用static修饰子程序中的变量，表示该变量在程序开始时分配内存，在程序结束时释放内存，变量在程序执行期间保持它们的值。举例如下。

```
void func1(void)
{
static int time = 0;
time++
```

```
}

void func2(void)
{
static int time = 0;
time++;
}
```

两个子程序中的 time 变量使用 static 修饰，所以 time 是静态变量，每调用一次 time 变量，其值将加 1，并保持这个值。它们的功能与以下程序相似。

```
int time1 = 0;
int time2 = 0;
void func1(void)
{
time1++
}

void func2(void)
{
time2++;
}
```

可以看出，用 static 修饰后，模块中的全局变量减少，程序变得更简单。

【规则 11】不要忽视编译器警告。

编译器给出的警告都是有的放矢的，在没有查清引发警告的真正原因前，不要忽视它。

4. Keil C 编程

【规则 12】深入了解使用的工具。

仔细查看 Keil C 附带的帮助文件，能找到期待已久的东西。要充分利用该软件的功能，就必须对它进行深入了解。

【规则 13】不要使用编程语言的冷僻特性。

最重要的是编写自己理解的程序。理解编写的程序，可以使程序开发做得更好。

➢ 设计步骤

根据前文的任务介绍，本任务做如下安排。

（1）用单片机 P1 口控制 TLC5620，P3 口控制 8 个按键。

（2）8 个按键的功能分别如下。

① 按键 1：选择波形。

② 按键 2：增大周期。

③ 按键 3：减小周期。

④ 按键 4：增大幅值。

⑤ 按键 5：减小幅值。

⑥ 按键 6：正弦波形幅值切换。

⑦ 按键 7：增大方波占空比。

⑧ 按键 8：减小方波占空比。

默认显示三角波。

（1）电路原理图如图 5.12 所示。

5-3a 扫一扫下载本电路原理图

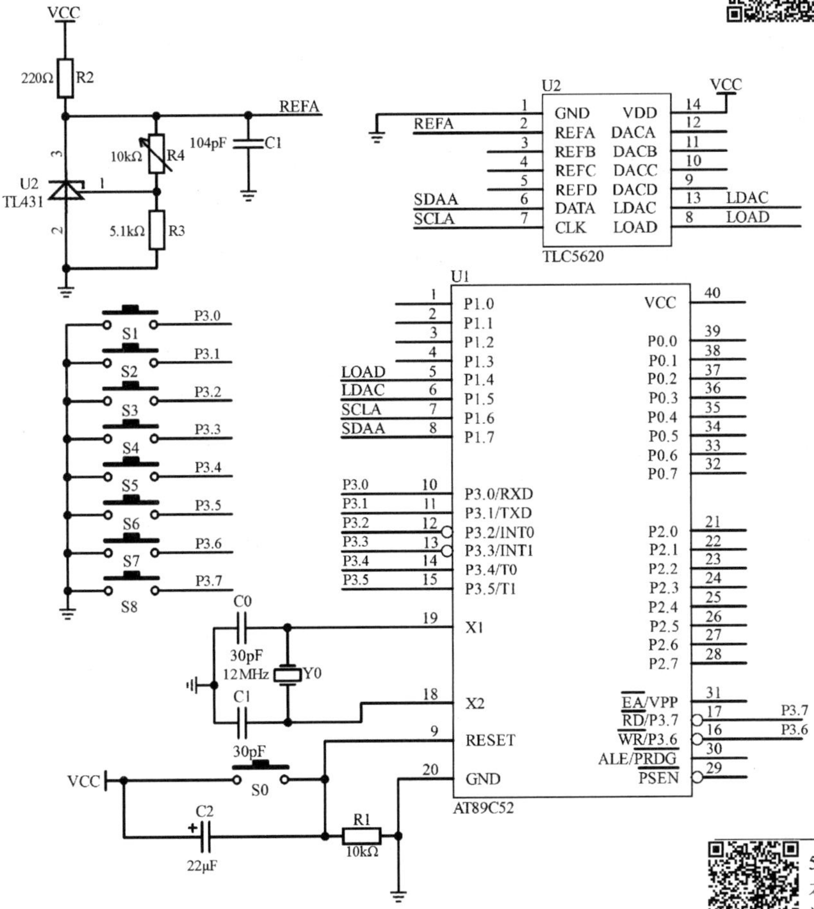

图 5.12　电路原理图

5-3b 扫一扫看本电路原理图讲解视频

（2）程序流程图如图 5.13 所示。

（3）源代码请扫二维码下载后阅览。

5-3d 扫一扫下载本程序源代码

➢ 应用测试

简易信号发生器的设计是编者比较喜欢的设计之一，该设计能够体现编者希望展现的综合设计的理念。该设计使用了较多的按键（8 个按键）来控制信号输出效果，如何厘清按键之间的逻辑关系是该设计首先要解决的问题，也是测试的重点。读者应反复测试按键的组合（先按哪个键，后按哪个键），以检测按键的逻辑关系是否紊乱。

测试的第二个重点是在改变信号的过程中，示波器会显示什么波形（模拟示波器与数字示波器的显示效果会有一定区别），读者要仔细分析显示的波形。

对方波和三角波的控制较容易实现，但正弦波有所不同，由于正弦波的波形是通过查表构造的，如何更好地实现正弦波的幅值连续变化是值得读者思考的问题。

最后，编者提出这样一个问题：为什么实际的信号发生器没有采用本任务的设计思路呢？

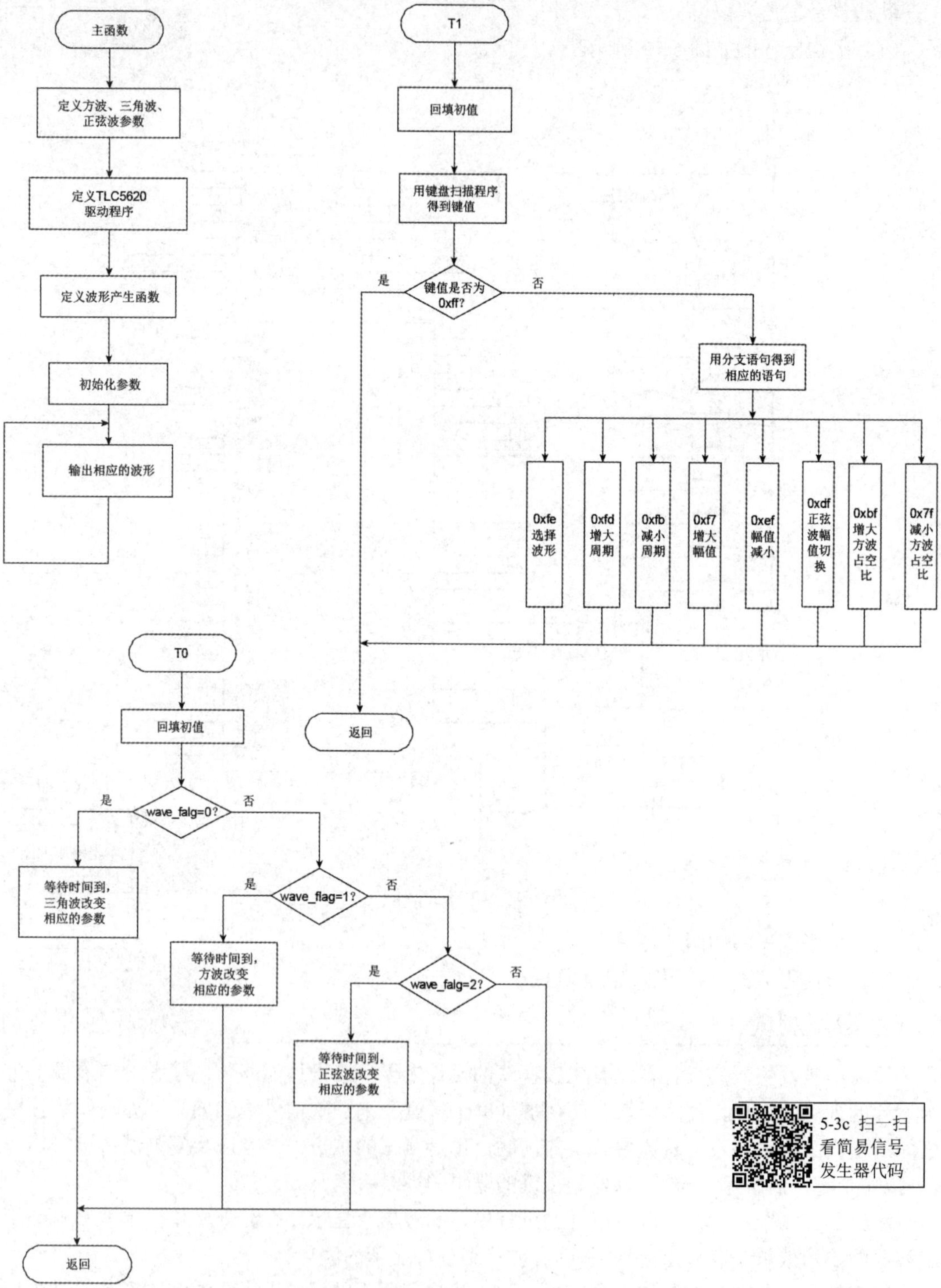

主函数
定义方波、三角波、正弦波参数
定义TLC5620驱动程序
定义波形产生函数
初始化参数
输出相应的波形

T1
回填初值
用键盘扫描程序得到键值
键值是否为0xff?
是
否
用分支语句得到相应的语句
0xfe 选择波形
0xfd 增大周期
0xfb 减小周期
0xf7 增大幅值
0xef 幅值减小
0xdf 正弦波幅值切换
0xbf 增大方波占空比
0x7f 减小方波占空比
返回

T0
回填初值
wave_falg=0?
是
否
等待时间到，三角波改变相应的参数
wave_flag=1?
是
否
等待时间到，方波改变相应的参数
wave_falg=2?
是
否
等待时间到，正弦波改变相应的参数
返回

5-3c 扫一扫看简易信号发生器代码

图 5.13　程序流程图

项目 6 通信接口项目制作

本项目包括两个任务，分别是半双工通信（比较常规）和自适应波特率通信（有新意且有一定难度）。第二个任务是模仿 TI 公司 LaunchPad 开发板（MSP430）在线调试接口功能设计的，读者仔细研究其设计示例，将会有所收获。

在完成这两个任务的设计过程中，将会介绍串口通信相关概念和 RS-232 通信接口。

> ➢任务6. 1：半双工通信
>
> • 基于RS-232通信接口实现两个单片机之间的串口通信。

> ➢任务6. 2：自适应波特率通信
>
> • 实现在主机波特率变化后，从机波特率自动地跟随调整。

任务 6.1 半双工通信

6-0 扫一扫看本项目教学课件

➢ 任务介绍

本任务的主要功能是基于 RS-232 通信接口，使用 51 单片机自带的通信接口实现两个单片机之间的串口通信。通信内容和通信方式自定义。两个单片机串口通信的基本设计思路：一个为主机；另一个为从机；往往是主机发送，从机接收，或者反过来。本任务引导读者实现最基本的双机通信功能。

读者可以按如下思路思考本任务的功能。

读者是否具有双机通信的基本概念（什么是双机通信）？如果有，就可以设计较复杂

的机制（如主机先发送后接收，从机先接收后发送）。如果没有，就进行简单的主机发送一个字符、从机接收一个字符的设计，或者进行稍微复杂的主机发送一个字符串、从机接收字符串并显示在液晶显示器上的设计。

编者对于上面提到的简单双机通信设计有一个自己的观点，即最简单的是只发送一个字符，超过一个字符的数据会有点复杂，需要考虑的问题会多一些。在本任务中，建议读者在学会发送一个字符的基础上，尝试发送一个字符串。

下面对串口通信相关概念、RS-232 通信接口等进行介绍。

➢ 知识导入

6.1.1 串口通信相关概念

串口通信是指串口按位发送和接收字节，虽然比按字节的并行通信慢，但是串口通信可以在使用一根线发送数据的同时用另一根线接收数据。串口通信线路简单，能够实现远距离通信（可达 1200m）。

串口通信常用于传输 ASCII 字符，通信使用 3 根线完成：地线、发送线和接收线。由于串口通信是异步的，所以接口能够在一根线上发送数据，同时在另一根线上接收数据。串口通信最重要的参数是波特率、起始位、停止位、奇偶校验位、数据位。对于两个进行通信的接口，这些参数必须匹配。

波特率是衡量通信速度的参数。波特率又称调制速率，是指信号被调制后在单位时间内的变化，即单位时间内载波参数变化的次数。它是对符号传输速率的一种度量，表示每秒传送的位的个数，如 1 波特表示每秒传送 1 位，300 波特表示每秒传送 300 位。常用的波特率为 4800bps、9600bps、115200bps 等。

起始位：起始位是在实际数据前面添加的同步位。起始位用于标记数据包的开始。通常，空闲数据线，即当数据传输线不传输任何数据时，保持高电平（1）。为了开始传输数据，发送端将数据线从高电平拉到低电平（从 1 到 0）。接收端在数据线上检测到从高到低的电平变化后开始读取实际数据。

停止位：用于表示单个数据包的最后一位。典型的值为 1 位、1.5 位和 2 位。由于数据是在传输线上定时传送的，并且每台设备有自己的时钟，因此在通信中两台设备间可能出现小小的不同步现象。因此，停止位不仅表示传输的结束，而且会为计算机提供校正时钟同步的机会。用于停止位的位数越多，不同时钟同步的容忍程度越大，数据传输率越慢。

奇偶校验位：是串口通信中的一种简单检错方式，共有 4 种校验方式——偶、奇、高、低。没有校验位也是可以的。对于偶校验和奇校验，串口会设置校验位（数据位后面的一位），用一个值确保传输的数据有偶数个或奇数个逻辑高位。假设数据是 011，对于偶校验，校验位为 0，保证逻辑高的位数是偶数个；对于奇校验，校验位为 1，这样就有 3 个逻辑高位。高位和低位不真正地检查数据，简单置位逻辑高位或逻辑低位，进行校验，使接收设备能够知道一个位的状态，有机会判断是否有噪声干扰通信，或者发送和接收数据是否同步。

数据位：衡量通信中实际数据的位的参数。计算机在发送一个信息包时，实际的数据不会一直是 8 位，标准的值是 5 位、7 位、8 位。例如，标准的 ASCII 是 0～127（7 位）。扩展的 ASCII 是 0～255（8 位）。如果数据使用简单的文本（标准 ASCII），那么每个数据包使用

7 位数据。一个数据包指一个字节，包括起始位、停止位、奇偶校验位、数据位。

6.1.2　RS-232 通信接口

RS-232 通信接口是个人计算机上的通信接口之一，是由美国电子工业协会（Electronic Industries Association，EIA）制定的异步传输标准接口。通常 RS-232 通信接口以 9 个引脚（DB-9）或 25 个引脚（DB-25）的形态出现。一般个人计算机上会有两组 RS-232 通信接口，分别称为 COM1 和 COM2。图 6.1 所示为 RS-232（9 针）通信接口。图 6.2 所示为常用的 USB 转串口线。

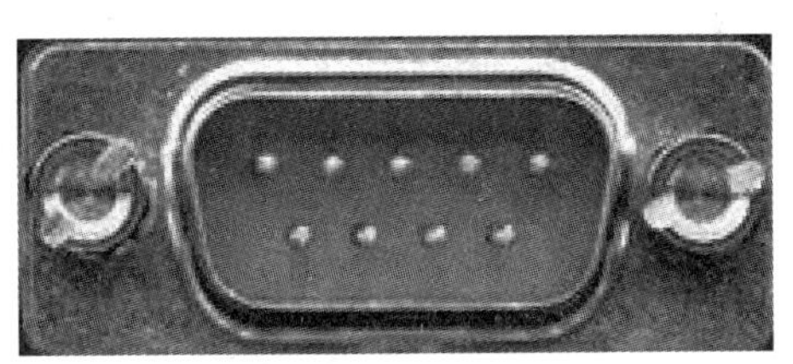

图 6.1　RS-232（9 针）通信接口

图 6.2　常用的 USB 转串口线

RS-232-C 标准规定的数据传输速率为 50bps、75bps、100bps、150bps、300bps、600bps、1200bps、2400bps、4800bps、9600bps、19200bps。

RS-232-C 标准规定，驱动器允许有 2500pF 的电容负载，通信距离受此电容限制。若采用 150pF/m 的通信电缆，则最大通信距离为 15m。当每米电缆的电容减小时，通信距离将增加。

RS-232-C 串口通信接线法（三线制）是利用 RS-232 通信接口中的 RXD、TXD 和 GND 三根线进行串口通信的。若想实现 A 口、B 口两个 RS-232 通信接口进行通信，只要将 A 口的 TXD 与 B 口的 RXD 连接，将 A 口的 RXD 与 B 口的 TXD 连接，同时，A 口、B 口的 GND 连接，就可以实现串口通信功能。

➢ 设计步骤

根据任务功能描述，本任务的实现还是比较自由的，只要能够实现一机发送，一机接收即可。很多书籍中都有这样的设计示例，读者可以借鉴。在这里，编者想提出这样几个问题供读者思考，以帮助读者在阅读示例之前构思自己的设计方案。

单纯从 51 单片机的资源来看，实现一个基本的半双工（甚至是全双工）通信对于初学者来讲应该不难，但读者能不能实现“闭卷”式开发呢？也就是不参考书本，独立完成这个简单的设计。

假如读者能够基本实现简单的半双工或全双工双机通信，那么来体验一下通信协议设计的“不可靠”之处：将执行正常的程序继续运行（死循环），同时人为破坏两个单片机的连线，如让从机断电或拔掉两个单片机的连线。在这种环境下，还能正常通信吗？如果不能正常通信，那么有没有办法从软件设计的角度来弥补呢？

双机通信（单片机）的硬件电路和资源方面的问题都容易解决，请读者思考在开发双机通信时，什么不易解决。通信的协议设计易解决吗？

基于上述问题，读者可以参考如下示例和其他书中的双机通信示例。

（1）电路原理图如图 6.3 所示。

6-1a 扫一扫下载本电路原理图

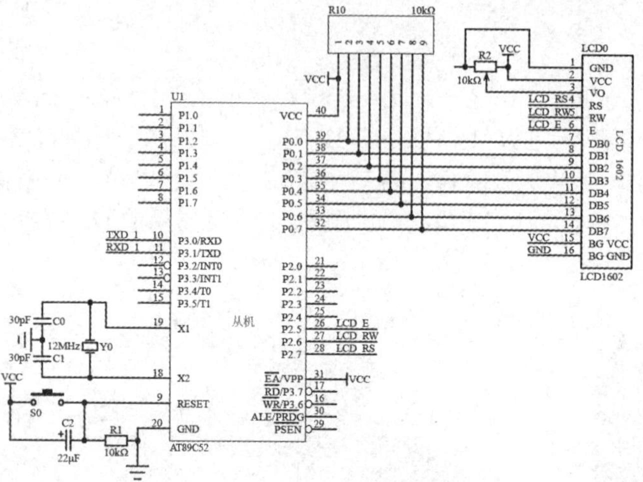

图 6.3　电路原理图

6-1b 扫一扫看本电路原理图讲解视频

（2）仿真电路图如图 6.4 所示。

6-1c 扫一扫下载本仿真电路

6-1d 扫一扫看本仿真电路讲解视频

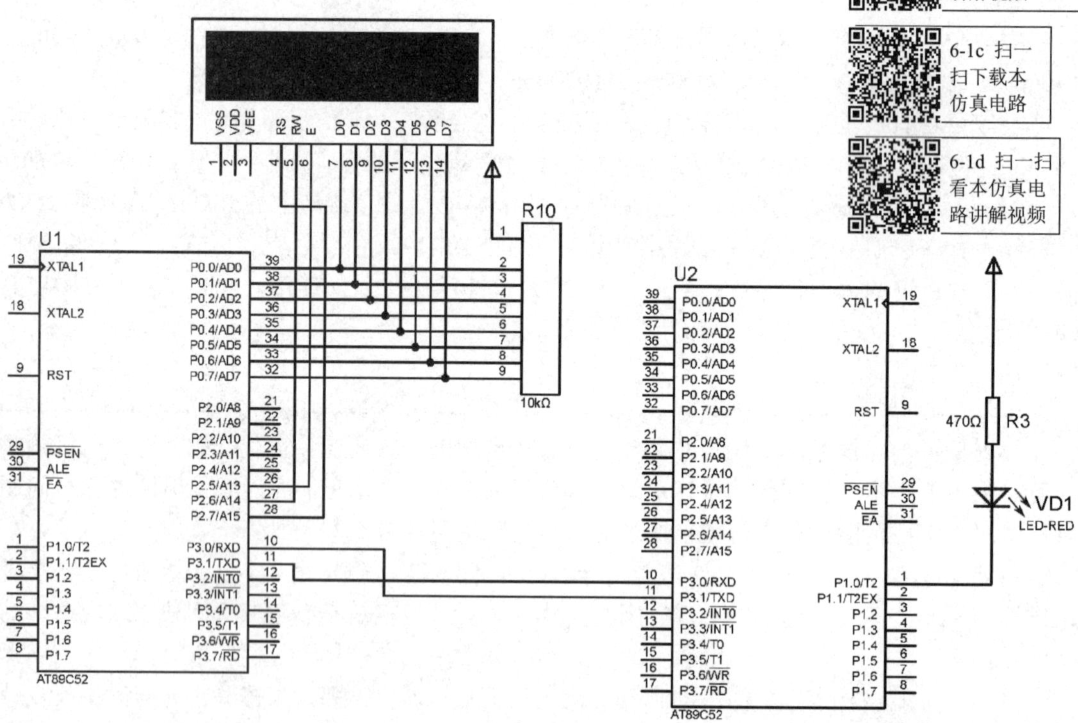

图 6.4　仿真电路图

（3）程序流程图如图 6.5 和图 6.6 所示。

（4）源代码请扫二维码下载后阅览，包括主机源代码和从机源代码。

6-1e 扫一扫看半双工通信主机代码

6-1f 扫一扫看半双工通信从机代码

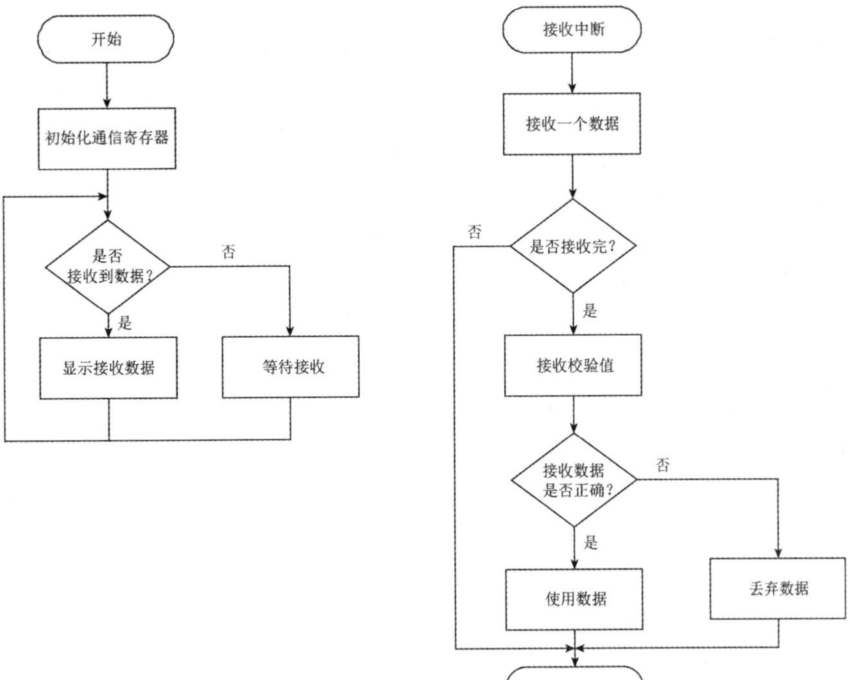

图 6.5　从机程序流程图

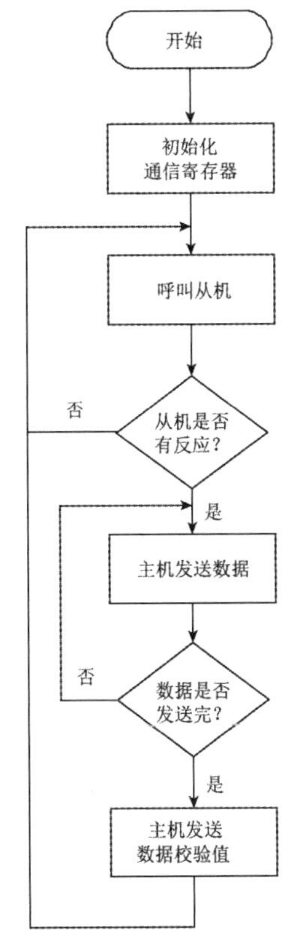

图 6.6　主机程序流程图

6-1g 扫一扫下载本程序源代码

➢ 应用测试

本任务的测试可以按照设计步骤中提到的几个问题进行。先测试系统是否可以正常工作；然后进行破坏性测试（需要在实际电路上进行），观察该设计的运行健壮性（很一般）。

在完成本任务后读者已具备基本的串口通信开发能力，下一步的研究重点是如何提高双机通信程序的可靠性。

任务 6.2　自适应波特率通信

➢ 任务介绍

在任务 6.1 完成之后，带着读者做本书最后一个任务，也是编者认为最有趣的设计——设计一个双机通信，能够实现在主机波特率变化后从机波特率自动地跟随调整，或者说双机之间能够实现波特率自协商。

本任务的原始设计要求高于本任务的设计要求，原始设计要求实现三机通信（A 机、B 机、C 机），三机中的任何一个都可以作为主机（互举），当主机的波特率变化后，另外两个从机的波特率能够自动跟随变化。

本任务的宗旨是引导读者体验通信协议的设计理念。希望读者能够多多体会，并尝试实现三机自协商通信机制。

➢ 设计步骤

（1）电路原理图如图 6.7 所示。

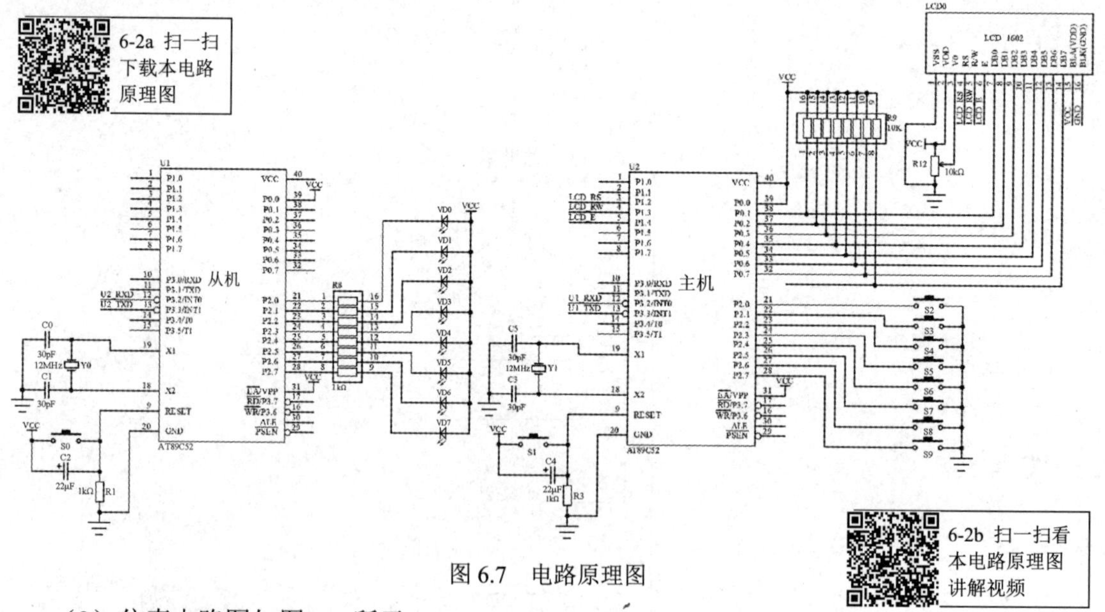

图 6.7　电路原理图

（2）仿真电路图如图 6.8 所示。

（3）程序流程图如图 6.9 和图 6.10 所示。

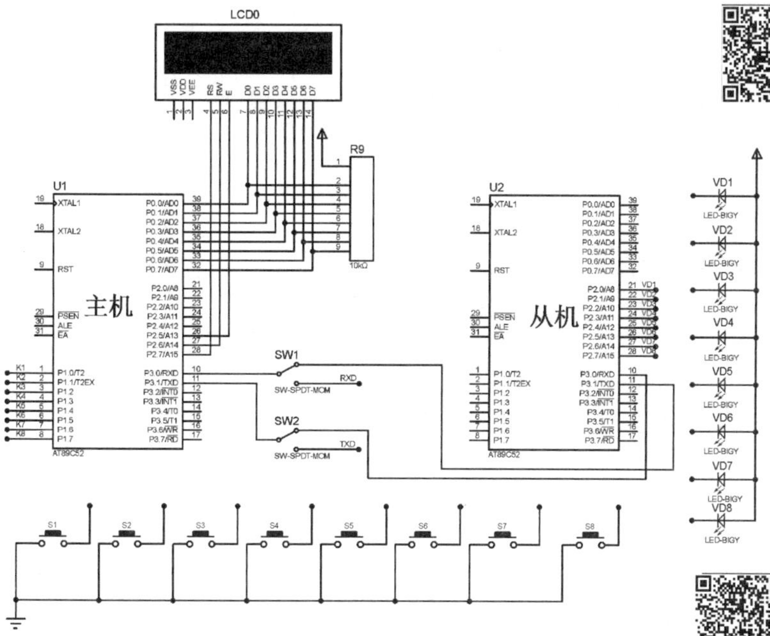
LCD0
R9
10kΩ
U1
主机
AT89C52
U2
从机
AT89C52
SW1
SW-SPDT-MOM
RXD
SW2
SW-SPDT-MOM
TXD
VD1
VD2
VD3
VD4
VD5
VD6
VD7
VD8
LED-BIGY
S1
S2
S3
S4
S5
S6
S7
S8

6-2c 扫一扫下载本仿真电路

6-2d 扫一扫看本仿真电路讲解视频

图 6.8　仿真电路图

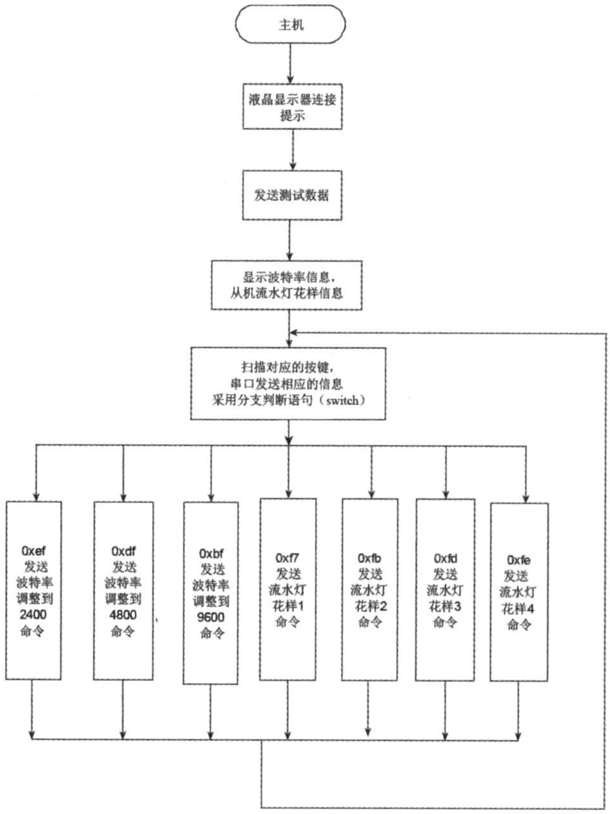
主机
液晶显示器连接提示
发送测试数据
显示波特率信息，从机流水灯花样信息
扫描对应的按键，串口发送相应的信息采用分支判断语句（switch）
0xef 发送波特率调整到2400命令
0xdf 发送波特率调整到4800命令
0xbf 发送波特率调整到9600命令
0xf7 发送流水灯花样1命令
0xfb 发送流水灯花样2命令
0xfd 发送流水灯花样3命令
0xfe 发送流水灯花样4命令

（a）

图 6.9　主机程序流程图

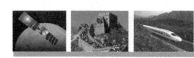

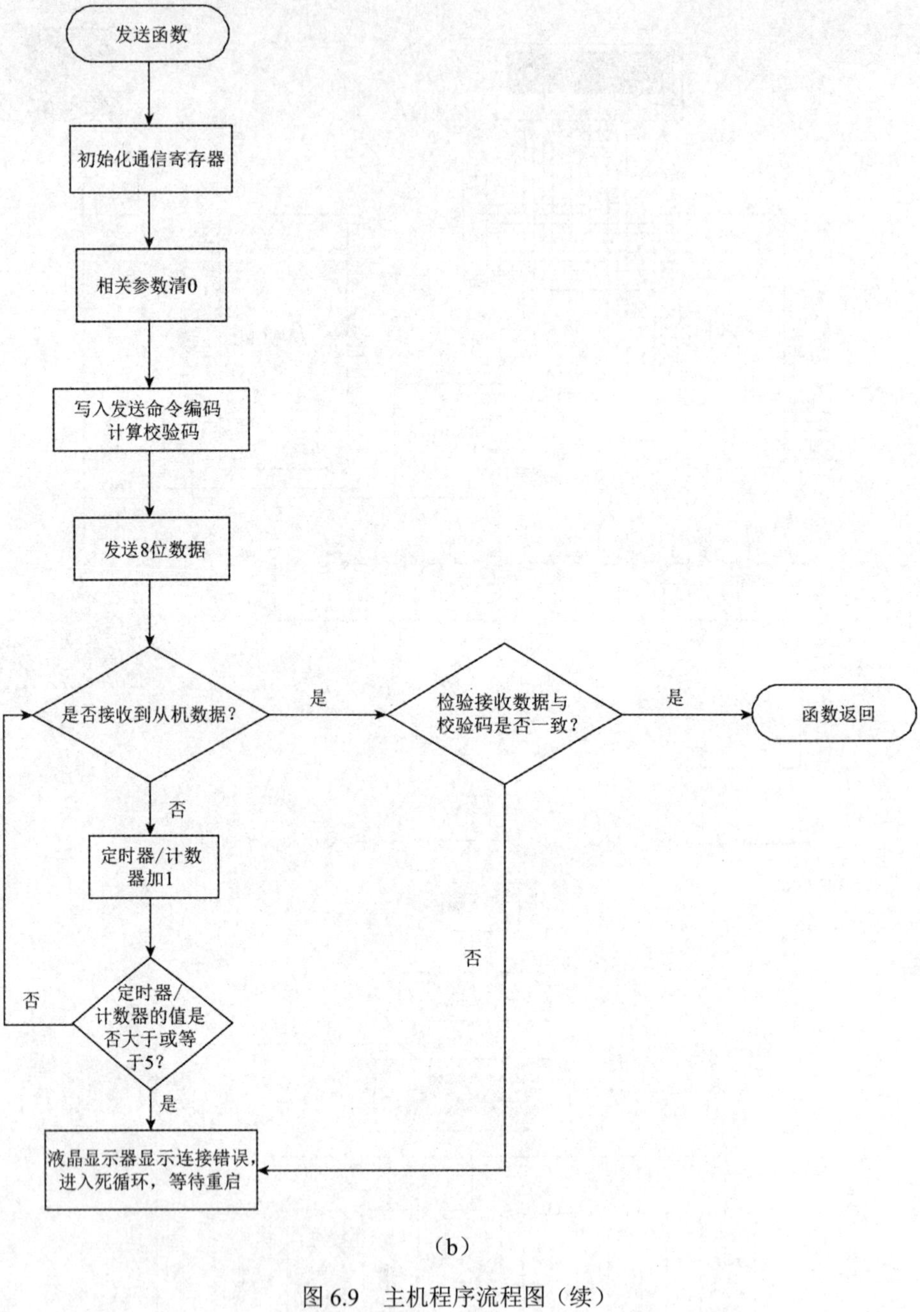

（b）

图 6.9　主机程序流程图（续）

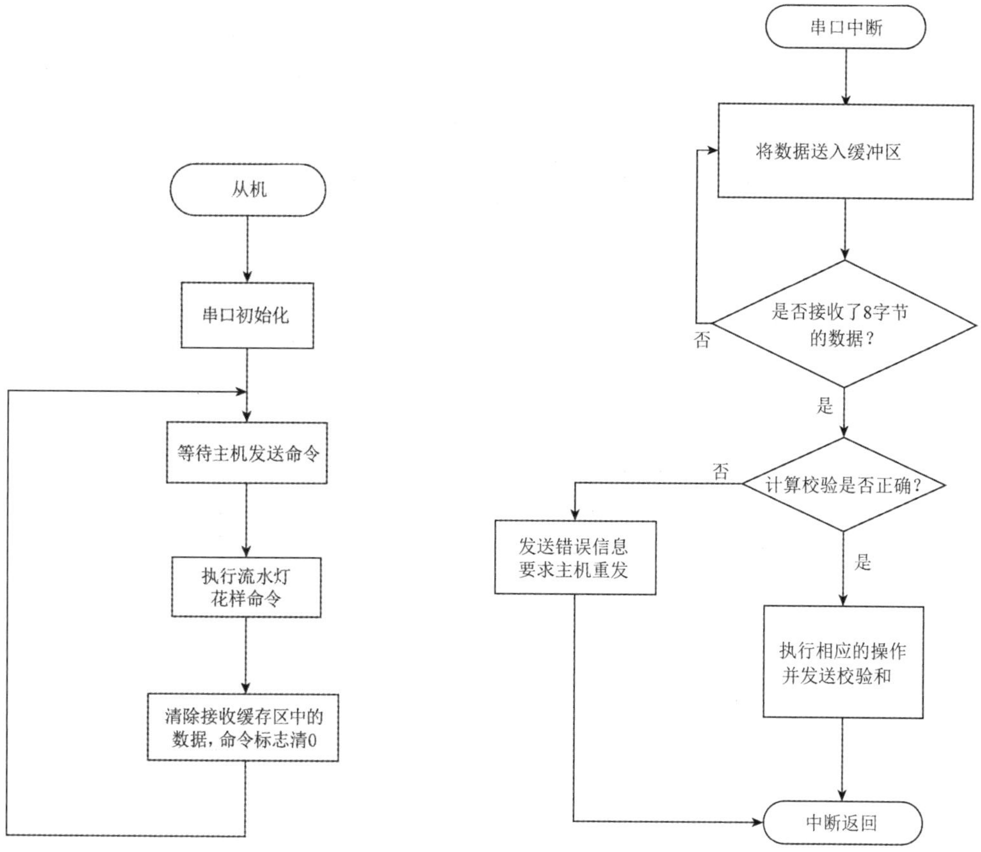

从机

串口初始化

等待主机发送命令

执行流水灯花样命令

清除接收缓存区中的数据，命令标志清0

（a）

串口中断

将数据送入缓冲区

是否接收了8字节的数据？

否

是

计算校验是否正确？

否

是

发送错误信息要求主机重发

执行相应的操作并发送校验和

中断返回

（b）

图 6.10　从机程序流程图

（4）源代码请扫二维码下载后阅览，包括主机程序和从机程序，液晶显示器的程序不再给出。

6-2e 扫一扫看自适应通信主机代码

6-2f 扫一扫看自适应通信从机代码

➢ 应用测试

读者可基于仿真电路进行测试，并观察运行效果。希望读者在测试和阅读本任务的程序时能够绘制通信机制的状态机，弄清楚如何自协商，以及如何扩充为三机自举和自协商状态机。

6-2g 扫一扫下载本程序源代码

附录 A　ASCII 表

ASCII	控制字符	ASCII	控制字符	ASCII	控制字符	ASCII	控制字符
0	NUL	32	(space)	64	@	96	、
1	SOH	33	!	65	A	97	a
2	STX	34	”	66	B	98	b
3	ETX	35	#	67	C	99	c
4	EOT	36	$	68	D	100	d
5	ENQ	37	%	69	E	101	e
6	ACK	38	&	70	F	102	f
7	BEL	39	’	71	G	103	g
8	BS	40	(	72	H	104	h
9	HT	41	)	73	I	105	i
10	LF	42	*	74	J	106	j
11	VT	43	+	75	K	107	k
12	FF	44	,	76	L	108	l
13	CR	45	-	77	M	109	m
14	SO	46	.	78	N	110	n
15	SI	47	/	79	O	111	o
16	DLE	48	0	80	P	112	p
17	DCI	49	1	81	Q	113	q
18	DC2	50	2	82	R	114	r
19	DC3	51	3	83	X	115	s
20	DC4	52	4	84	T	116	t
21	NAK	53	5	85	U	117	u
22	SYN	54	6	86	V	118	v
23	TB	55	7	87	W	119	w
24	CAN	56	8	88	X	120	x
25	EM	57	9	89	Y	121	y
26	SUB	58	:	90	Z	122	z
27	ESC	59	;	91	[	123	{
28	FS	60	<	92	\	124	|
29	GS	61	=	93	]	125	}
30	RS	62	>	94	^	126	~
31	US	63	?	95	—	127	DEL

附录 B　C51 学习要点指导

1. C51 内存结构

1）六类关键字（六类存储类型）：code、data、idata、xdata、pdata、bdata

（1）code。

code memory（程序存储区，又称只读存储区）用来保存常量或程序。code memory 采用 16 位地址线编码，可以在片内，也可以在片外，其大小被限制为 64KB。

作用：code memory 是只读不可写区域，可用于定义常量，如定义八段数码表或编程中使用的常量，在定义时加上 code 以指明定义的常量保存在 code memory。

使用方法如下。

```
char code table[]={0xc0,0xf9,0xa4,0xb0,0x99,0x92,0x82,0xf8,0x80,0x90}
```

此关键字的使用方法与 const 相同。

（2）data。

data memory（数据存储区）只能用来声明变量，不能用来声明函数。该区域位于片内，采用 8 位地址线编码，存储速度最快，但是大小被限制为 128B 或更小。

使用方法如下。

```
unsigned char data fast_variable=0
```

（3）idata。

idata memory（数据存储区）只能用来声明变量，不能用来声明函数。该区域位于片内，采用 8 位地址线编码，大小被限制为 256B 或更小。该区域的低地址区与 data memory 地址一致。高地址区是 52 单片机在 51 单片机基础上扩展的并与特殊功能寄存器具有相同地址编码的区域，即 data memory 是 idata memory 的一个子集。

使用方法如下。

```
unsigned char idata variable
```

（4）xdata。

xdata memory 只能用来声明变量，不能用来声明函数。该区域位于片外，采用 16 位地址线进行编码，大小被限制在 64KB 以内。

使用方法如下。

```
unsigned char xdata count=0
```

（5）pdata。

pdata memory 只能用来声明变量，不能用来声明函数。该区域位于片外，采用 8 位地址线进行编码，大小被限制为 256B，是 xdata memory 的低 256 字节，为其子集。

使用方法：

```
unsigned char pdata count=0
```

（6）bdata。

bdata memory 只能用来声明变量，不能用来声明函数。该区域位于 8051 内部。定义的量保存在内部位地址空间中，可用位指令直接读写。

使用方法如下。

```
unsigned char bdata varab=0
```

2）函数的参数和局部变量的存储模式

C51 编译器允许采用三种存储器模式：SMALL、COMPACT、LARGE。一个函数的存储器模式确定了函数的参数的局部变量在内存中的地址空间。处于 SMALL 模式下的函数参数和局部变量存储于 51 单片机内部 RAM 中。处于 COMPACT 和 LARGE 模式下的函数参数和局部变量存储于 51 单片机外部 RAM 中。在定义一个函数时可以指明该函数的存储器模式，方法是在形参表列的后面加上存储模式。

示例如下。

```
#pragma LARGE                    //此预编译必须放在所有头文件前面
int  func0(char  x,y) SMALL;
char  func1(int  x) COMPACT;
int   func2(char x);
```

上面例子在第一行用了一个预编译命令#pragma，它的意思是告诉 C51 编译器，在对程序进行编译时，按该预编译命令后面给出的编译控制指令 LARGE 进行编译，即本例程序编译时的默认存储模式为 LARGE。随后定义了三个函数，第一个函数定义为 SMALL 存储模式，第二个函数定义为 COMPACT 存储模式，第三个函数未指定存储模式。在用 C51 编译器进行编译时，只有最后一个函数按 LARGE 存储模式处理，其他函数分别按各自指定的存储模式处理。

上面的例子说明，C51 编译器允许采用存储器混合模式，即在一个程序中允许一些函数使用一种存储模式，其他函数使用另一种存储模式。采用存储器混合模式编程不仅可以充分利用 51 单片机有限的存储空间，还可以加快程序的执行速度。

3）绝对地址访问 absacc.h

```
#define CBYTE ((unsigned char volatile code  *) 0)
#define DBYTE ((unsigned char volatile data  *) 0)
#define PBYTE ((unsigned char volatile pdata *) 0)
#define XBYTE ((unsigned char volatile xdata *) 0)
```

CBYTE 用于寻址 CODE 区；DBYTE 用于寻址 DATA 区；PBYTE 用于寻址 XDATA、（低 256 字节）区；XBYTE 用于寻址 XDATA 区。

如下指令用于实现访问外部存储器区域中的地址 0x1000。

```
#define CWORD ((unsigned int volatile code  *) 0)
#define DWORD ((unsigned int volatile data  *) 0)
#define PWORD ((unsigned int volatile pdata *) 0)
#define XWORD ((unsigned int volatile xdata *) 0)
```

与前面的宏相似，它们指定的数据类型为 unsigned int。通过灵活运用不同数据类型可以访问 8051 所有地址空间，如：

```
xvar=XBYTE[0x1000];
XBYTE[0x1000]=20;
DWORD[0x0004]=0x12F8;
```

即内部数据存储器中 0x04 地址存放的数据为 0x12；0x05 地址存放的数据为 0xF8。

注意：用以上函数，可以完成对单片机内部任意 ROM 和 RAM 的访问，非常方便。还有一种方法，就是使用指针，后面会对 C51 的指针进行详细介绍。

4）寄存器变量

为了提高程序的执行效率，C 语言允许将一些使用频率较高的变量定义为能够直接使用硬件寄存器的寄存器变量。在定义一个变量时，在变量类型名前冠以 register，即可将该变量定义为寄存器变量。可以认为寄存器变量是自动变量的一种，其有效作用范围与自变量相同。由于计算机中的寄存器空间是有限的，因此不能将所有变量都定义成寄存器变量。通常，在程序中定义寄存器变量时，只是给编译器一个建议，该变量是否真正成为寄存器变量，要由编译器根据实际情况来确定。C51 编译器能够识别程序中使用频率高的变量，在可能的情况下，即使程序中并未将该变量定义为寄存器变量，C51 编译器也会自动将该变量当作寄存器变量进行处理。

5）内存访问

指针是一个变量，其中存放的内容是变量的地址，即特定的数据。51 单片机的地址是 16 位的，指针变量自身占用两个存储单元。指针的说明与变量的说明类似，在指针名前加上“*”即可，如：

```
int  *int_point;     //声明一个整型指针
char  *char_point;   //声明一个字符型指针
```

利用指针可以间接存取变量。实现这一点会用到如下两个特殊运算符。

①&：取变量地址。

②*：取指针指向单元的数据。

示例一。

```
int   a,b;
int  *int_point;      //声明一个整型指针
a=15;
int_point=&a;         //int_point 指向 a
*int_point=5;         //将 int_point 指向的变量 a 赋值为 5，等同于 a=5
```

示例二。

```
char  i,table[6],*char_point;
char_point=table;
for(i=0;i<6;i++)
{
char_point=i;
char_point++;
}
```

注意：指针可以进行运算，可以与整数进行加减运算（移动指针）。但移动指针后的地址的增减量是随指针类型而异的，如浮点型指针进行自增后其地址将在原地址的基础上加 4，

而字符型指针在进行自增时其地址将加1。原因是浮点数占4个内存单元，而字符占1个内存单元。

2. 头文件

平时写单片机应用程序时使用的头文件大多是reg51.h或reg52.h。下面对头文件进行详细解释，以便读者进一步了解，以运用各种型号的单片机。增强型号的单片机的增强功能都是通过特殊功能寄存器控制的。

打开reg52.h头文件，会发现它是由大量sfr、sbit的声明组成的，甚至还有sfr16。其实这样的声明是与单片机内部功能寄存器（特殊功能寄存器）联系起来的，下面对声明进行详细解释。

1）sfr声明变量

sfr声明变量与其他C语言声明变量基本相同。sfr在声明变量的同时，会为该变量指定特殊功能寄存器作为存储地址，这与C语言声明变量的整型、字符型等由C51编译器自动分配存储空间不同。

例如，reg52.h头文件第一条声明就是sfr P0= 0x80，表明声明一个变量P0，并指定其存储地址为特殊功能寄存器0x80。将这条声明加入reg52.h头文件后，在编写应用程序时，可以直接使用P0，无须定义，对P0的操作就是对内部特殊功能寄存器0x80的操作（可进行读写操作）。

假设将第一条声明改为sfr K0= 0x80，此时若想把单片机的P0口电平全部拉低，则不能写P0=0x00，而应在应用程序中写K0=0x00；否则C51编译器会提示“P0为未定义标识符”。

使用方法如下。

```
   sfr  [variable]  =  [address]   //为变量分配一个特殊功能寄存器
```

等号右边只能是十进制数、十六进制整型常量，不能是带操作符的表达式。

sfr不能声明于任何函数内部，包括main函数，只能声明于函数外部。

用sfr声明一个变量后，不能用取地址运算符&获取其地址，否则编译器会提示非法操作。

如果遇到增强型号的单片机，只需要知道其扩展的特殊功能寄存器的地址，就可以很方便地用sfr进行编程。

2）sbit声明变量

sbit声明变量的方法和sfr类似，但是sbit用来声明一个位变量。

例如，在reg52.h头文件中有如下声明。

```
sfr IE    = 0xA8;
sbit EA    = IE^7;
sbit ET2   = IE^5; //8052 only
sbit ES    = IE^4;
sbit ET1   = IE^3;
sbit EX1   = IE^2;
sbit ET0   = IE^1;
sbit EX0   = IE^0;
```

因此对EA的操作就是对IE最高位的操作。

如果想对 SP、DPL、DPH、PCON、TMOC、TL0、TL1、TH0、TH1、SBUF 这些特殊功能寄存器进行位寻址，采用类似于对 IE 定义的方法是不行的。虽然修改后在编译时不会出现错误，但只要用到定义的位变量名，就会出错。原因是只有特殊功能寄存器的地址是 8 的倍数（十六进制数以 0 或 8 结尾）才能进行位寻址。

下面对 sbit 的使用方法进行详细介绍。

随着 8051 的应用，非常有必要对特殊功能寄存器的单个位进行存取，C51 编译器通过 sbit 数据类型，提供了对特殊功能寄存器的位操作。

以下是 sbit 的三种应用形式。

```
sbit  name = sfr-name^bit-position;
sfr   PSW =0xD0;
sfr   IE  =0xA8;
sbit   OV= PSW^2;
sbit   CY=PSW^7;
sbit   EA= IE^7;
```

```
sbit  name= sfr-address^bit-position;
sbit  OV =0xD0^2;
sbit  CY =0xD0^7;
sbit  EA =0xA8^7;
```

```
sbit  name= sbit-address;
sbit  OV =0xD2;
sbit  CY =0xD7;
sbit  EA =0xAF;
```

现在对上述三种形式的声明进行必要说明。

第一种形式 sbit　name = sfr-name^bit-position。例如，sbit OV= PSW^2 中的特殊功能寄存器必须在此之前已经用 sfr 定义，否则编译会出错。bit-position 的取值范围为 0～7。

第二种形式 sbit　name= sft-address^bit-position。例如，sbit OV =0xD0^2，与第一种形式的不同之处在于，这里直接使用 PSW 的地址，第一种形式需要先定义 PSW。

第三种形式 sbit　name= sbit-address。例如，sbit OV =0xD2，直接用 OV 的地址进行计算，该地址是 OV 所在寄存器地址加上 OV 的 bit-position。

不是所有的 sbit 声明的变量都可以进行位寻址。只有特殊功能寄存器的地址是 8 的倍数（十六进制数以 0 或 8 结尾）时，才能进行位寻址，并且 sbit 声明的变量名虽然可以任意取，但是最好不要以下画线开头，因为以下画线开头的名称用作 C51 的头文件的保留字。

3）sfr16 声明变量

许多 8051 的派生型单片机用两个连续地址的特殊功能寄存器来存储一个 16bit 的值。例如，8052 用 0xCC 和 0xCD 来保存 T2 的高字节和低字节。C51 编译器提供 sfr16 数据类型来保存两个字节的数据，虚拟出一个 16bit 的寄存器的示例如下。

```
sfr16 T2 = 0xCC
```

在存储方面该类型数据按“低字节在前、高字节在后”的小端存储方式存储。在定义时，只写低字节地址，如上述代码所示。

当向一个 sfr16 声明变量写入数据时，Keil CX51 编译器生成的程序先写高字节、后写低字节（可通过返回汇编窗口查看）。在某些情况下，这并非我们想要的操作顺序，在使用时应注意。

当要写入 sfr16 声明变量的数据是先写高字节还是先写低字节非常重要时，只能用 sfr 关键字来定义，并且任意时刻只保存一个字节，以保证写入正确。

3. 变量类型及其作用范围

1）局部变量

局部变量是指函数内部（包括 main 函数）定义的变量，仅在定义它的函数范围内有效，不同函数可以使用相同的局部变量名，函数的形式参数也属于局部变量。在一个函数的内部复合语句中也可以定义局部变量，该局部变量只在该复合语句中有效。

2）全局变量

全局变量是指函数外部定义的变量，又称外部变量，可以被多个函数共同使用。其有效作用范围是从它定义开始到整个程序文件结束。若全局变量被定义在一个程序文件的开始处，则在整个程序文件范围内该变量均有效。如果一个全局变量不是在程序文件的开始处定义的，但需要在它定义之前的函数中引用，那么应在引用该变量的函数中使用关键字 extern 将该变量声明为外部变量。另外，当在一个程序模块文件中引用另一个程序模块文件中定义的变量时，也必须用关键字 extern 进行说明。

外部变量的声明与外部变量的定义不同：外部变量只能定义一次，定义的位置在所有函数之外；而同一个程序文件（不是指模块文件）中的外部变量可以声明多次，声明的位置在需要引用该变量的函数内。

若在同一个程序文件中，全局变量与局部变量同名，则在局部变量的有效作用范围内全局变量不起作用。也就是说，局部变量的优先级比全局变量高。

3）自动变量

自动变量是 C 语言中使用最为广泛的一类变量。在定义自动变量时，应在变量类型名前加上 auto。如果省略了存储种类说明，则默认该变量为自动变量。

例如：

```
{
                                  {
   char  x;
   int   y;
   ......
}
```

等价于：

```
auto  char x;
auto  int   y;
......
}
```

自动变量的作用范围为定义它的函数体或复合语句内部。只有在定义自动变量的函数被

调用，或者定义自动变量的复合语句被执行时，C51 编译器才会为自动变量分配内存空间，其生存期开始。当函数调用结束返回，或者复合语句执行结束时，自动变量占用的内存空间就会被释放，变量的值当然也就不复存在，其生存期结束。当函数再次被调用，或者复合语句再次被执行时，C51 编译器又会为其内部的自动变量重新分配内存空间，但不会保留上一次运行的值，必须重新分配。因此，自动变量始终是相对于函数或复合语句的局部变量。

4）外部变量

用关键字 extern 定义的变量称为外部变量。按默认规则，凡是在所有函数之前，在函数外部定义的变量都是外部变量，定义时可以不写关键字 extern。但是如果在一个函数体内说明一个已在该函数体外或别的程序模块文件中定义过的外部变量，那么必须使用关键字 extern。外部变量在被定义后就被分配了固定的内存空间。外部变量的生存期为程序的整个执行时间。外部变量的存储不会随函数或复合语句执行完毕而释放，因此外部变量属于全局变量。

C 语言允许将大型程序分解为若干个独立的程序模块文件，各个程序模块文件可分别进行编译，之后再将它们连接在一起。如果某个变量需要在所有程序模块文件中使用，那么只要在一个程序模块文件中将该变量定义成全局变量，而在其他程序模块文件中用 extern 声明该变量是已被定义过的外部变量即可。

5）寄存器变量

详见“1.c51 内存结构”部分，此处不再赘述。

6）静态变量

使用存储种类说明符 static 定义的变量为静态变量，举例如下。

```
fun1 ()
{
  static  int a =5;
  a=a+1;
}
```

由于该变量是在函数 fun1( )内部定义的，因此称之为内部静态变量或局部静态变量。

局部静态变量是始终存在的，但只能在定义它的函数内进行访问。退出函数之后，变量的值仍然保持，但不能进行访问。

全局静态变量是在函数外部被定义的。其作用范围从它的定义点开始，一直到程序结束。当一个 C 语言程序由若干个程序模块文件组成时，全局静态变量始终存在，但它只能在被定义的程序模块文件中访问，其数据值可以被该程序模块文件内的所有函数共享。退出该程序模块文件后，虽然变量的值仍然保持，但不能被其他程序模块文件访问。对于一个较大的程序，这样做便于在多人设计时各自写的程序模块不被别的模块文件引用。

全局静态变量和全局变量在编译时就已经被分配了固定的内存空间，只是它们的作用范围不同。

局部静态变量是一种在两次函数调用之间仍能保持变量值的局部变量。局部静态变量的使用——计算并输出 1～5 的阶乘值。

```
#include<stdio.h>
int  fac( int  n)
{
```

```
static  int  f=1;
f=f*n;
return(f);
}
main( )
{
int  i;
for(i=1;i<=5;i++)
printf("%d!=%d\n",i,fac(i));
}
```

程序执行结果如下。

```
1! =1
2! =2
3! =6
4! =24
5! =120
```

4. C51 常用头文件

在 Keil 中，单片机使用的头文件除 reg51.h、reg52.h 外，还可以从各芯片制造商的官网下载。

1）字符函数 ctype.h

检查字符是否为英文字母，若是则返回 1。

```
extern bit isalpha(char);
```

检查字符是否为英文字母或数字字符，若是则返回 1。

```
extern bit isalnum(char);
```

检查字符的值是否介于 0x00～0x1f，或者是否等于 0x7f，若是则返回 1。

```
extern bit iscntrl(char);
```

检查字符是否为数字字符，若是则返回 1。

```
extern bit isdigit(char);
```

检查字符是否为可打印字符，若是则返回 1，可打印字符为 0x21～0x7e。

```
extern bit isgraph(char);
```

除了与 isgraph 相同的字符，还接受空格符 0x20。

```
extern bit isprint(char);
```

检查字符是否为小写英文字母，若是则返回 1。

```
extern bit islower(char);
```

检查字符是否为大写英文字母，若是则返回 1。

```
extern bit isupper(char);
```

检查字符是否为下列字符之一：空格、制表符、回车、换行、垂直制表符和送纸，若为真，则返回 1。

```
extern bit isspace(char);
```

检查字符是否为十六进制数，若是则返回1。

```
extern bit isxdigit(char);
```

将ASCII字符0～9和a～f（大小写无关）转换成对应的十六进制数，返回值为00H～0FH。

```
extern char toint(char);
```

将大写字符转换成小写字符，若字符变量不介于A～Z，则不进行转换，直接返回该字符。

```
extern char tolower(char);
```

将小写字符转换成大写字符，若字符变量不介于a～z，则不进行转换，直接返回该字符。

```
extern char toupper(char)
```

该宏将任何整型数值缩小到有效的ASCII范围内，它将变量和0x7f相与，以去掉第7位以上的所有数位。

```
#define toascii(c)  ((c)&0x7f)
```

该宏将字符与常数0x20逐位相或。

```
#define tolower(c)  (c-'A'+'a')
```

该宏将字符与常数0xdf 逐位相与。

```
#define toupper(c)  ((c)-'a'+'A')
```

2）数学函数math.h

返回绝对值函数如下。

```
extern int   abs  (int   val);
extern char  cabs  (char  val);
extern long  labs  (long  val);
extern float  fabs  (float  val);
```

这四个函数除形参和返回值不一样外，其他功能完全相同。

exp返回val；log返回val的自然对数；log10返回以10为底的val的对数；sqrt返回val的正平方根，rand返回一个介于0～32767的伪随机数；srand用来将随机数发生器初始化成一个已知的期望值。

```
extern float exp   (float val);
extern float log   (float val);
extern float log10  (float val);
extern float sqrt  (float val);
extern int rand();
extern void srand(int n);
```

Keil μVision3中的math.h库中，不包含srand函数。

返回val的正弦值、余弦值、正切值的函数如下。val为弧度，fabs(val) <=65535。

```
extern float sin   (float val);
extern float cos   (float val);
extern float tan   (float val);
```

asin返回val的反正弦值；acos返回val的反余弦值；atan返回val的反正切值。asin、

atan、acos 的值域均为-π/2～+π/2。atan2 返回 x/y 的反正切值，值域为-π～+π。

```
extern float asin  (float val);
extern float acos  (float val);
extern float atan  (float val);
extern float atan2 (float y, float x);
```

sinh 返回 val 的双曲正弦值；cosh 返回 val 的双曲余弦值；tanh 返回 val 的双曲正切值。

```
extern float sinh  (float val);
extern float cosh  (float val);
extern float tanh  (float val);
```

向上取整函数返回一个大于 val 的最小整数。

```
extern float ceil  (float val);
```

向下取整函数返回一个小于 val 的最大整数。

```
extern float floor (float val);
```

计算计算 x、y 的值，当 x=0，y≤0，或者 x<0，y 不是整数时会发生错误。

```
extern float pow   (float x, float y);
```

fpsave 保存浮点子程序的状态；fprestore 恢复浮点子程序的原始状态。当中断程序中需要执行浮点运算时，这两个函数是很有用的。

```
extern void fpsave(struct FPBUF *p);
extern void fprestore(struct FPBUF *p);
```

Keil μVision3 中的 math.h 库中，不包含 fpsave 函数。

3）绝对地址访问 absacc.h

内容详见“1.c51 内存结构”部分，此处不再赘述。

4）内部函数 intrins.h

将变量 var 循环右移 *n* 位。这三个函数的区别在于，参数及返回值的类型不同。

```
extern unsigned char _cror_    (unsigned char  var, unsigned char  n);
extern unsigned int  _iror_    (unsigned int   var, unsigned char  n);
extern unsigned long _lror_    (unsigned long  var, unsigned char  n);
```

将变量 var 循环左移 *n* 位。这三个函数的区别在于，参数及返回值的类型不同。

```
extern unsigned char _crol_    (unsigned char  var, unsigned char  n);
extern unsigned int  _irol_    (unsigned int   var, unsigned char  n);
extern unsigned long _lrol_    (unsigned long  var, unsigned char  n);
```

例如：

```
void  _nop_(void);
```

_nop_产生一个 8051 单片机的 NOP 指令，C51 编译器在程序调用_nop_ 函数的地方直接产生一条 NOP 指令。

5. C51 编译器的限制

文件名最长为 255 个字符，但只有前 32 个字符有效，尽管 C 语言对大小写敏感，但由于历史原因，目标文件中的名字的大小写无关紧要。

C语言程序中的CASE语句变量的个数没有限制，仅由可用内存大小和函数的最大长度限制。

函数嵌套调用最大为10层。

嵌套引用头文件最大为10层。

预处理的条件编译指令最大嵌套深度为20。

功能块（{……}）最大可嵌套15级。

宏最多可嵌套8级。

宏或函数名最多能传递32个参数。

一行C语言语句或宏定义最多能写510个字符，对于宏展开，其结果不得超过510个字符。